RAPPORT

SUR LA HUITIÈME

EXPOSITION

DES PRODUITS

DES ARTS ET DE L'INDUSTRIE

PRÉSENTÉ A LA SOCIÉTÉ PHILOMATHIQUE DE BORDEAUX

PAR

ALEXANDRE LÉON

Secrétaire-Rapporteur du Jury d'examen

BORDEAUX

P. CHAUMAS, LIBRAIRE-ÉDITEUR

34, Fossés du Chapeau-Rouge

—

1850

44710

RAPPORT

SUR LA HUITIÈME

EXPOSITION

DES PRODUITS

DES ARTS ET DE L'INDUSTRIE

PRÉSENTÉ A LA SOCIÉTÉ PHILOMATHIQUE DE BORDEAUX

PAR

ALEXANDRE LÉON

Secrétaire-Rapporteur du Jury d'examen

BORDEAUX

CHAUMAS-GAYET, LIBRAIRE-ÉDITEUR

34, Fossés du Chapeau-Rouge

—

1850

Avant d'obéir à l'usage et aux traditions de la Société Philomathique, en signant seul ce Rapport devant le public, je tiens à déclarer qu'il est l'œuvre collective des vingt-six Membres du Jury.

Il a pour base, dans la section de l'Industrie, les rapports des Membres de cette section sur chacun des produits exposés, et les procès-verbaux si lucides et si complets de son secrétaire, M. ALPHAND. Il en est l'interprétation fidèle et très-fréquemment la reproduction littérale.

Pour la Peinture, la Statuaire et le Dessin, il est la déduction des procès-verbaux circonstanciés du secrétaire de la section des Beaux-Arts, M. SOULIÉ-COTTINEAU.

Pour la Musique, les artistes me sauront gré d'avoir puisé, sans discrétion ni scrupule, dans le rapport de l'honorable président de la Société Philomathique et du Jury, M. BROCHON.

Ce volume devait paraître immédiatement après la distribution des récompenses; mais il a fallu dépouiller et résumer un dossier considérable. Un mois, pour ce travail et pour les soins de la publication, était-ce trop de temps? Puisse-t-on ne pas me reprocher de n'en avoir pas pris davantage.

A. L.

5 octobre 1850

SOCIÉTÉ PHILOMATHIQUE DE BORDEAUX.

8ᵐᵉ EXPOSITION TRIENNALE

DES

PRODUITS DES ARTS ET DE L'INDUSTRIE.

1850

La huitième Exposition des produits des arts et de l'industrie a été ouverte, en séance réservée, par le Comité d'administration de la Société Philomathique, le samedi 6 juillet 1850, dans le local de l'ancien Palais-de-Justice, mis à sa disposition par l'administration municipale.

Le public a été admis à visiter l'Exposition pendant plus de six semaines, et la clôture a eu lieu le 25 août.

Le Jury d'examen, nommé en conformité des statuts de la Société Philomathique, a eu pour président M. G.-Henry Brochon et pour secrétaire-rapporteur M. Alexandre Léon ; le premier, président ; le second, secrétaire-général de la Société Philomathique. Il s'est divisé en section de l'industrie, composée de

MM. Manès, ingénieur des mines, *président;*
Alphand, ingénieur des ponts-et-chaussées, *secrétaire;*
Barbier, directeur des douanes:
Boissière fils, propriétaire;
Clémenceau, membre du Conseil municipal;
Desgranges–Bonnet, médecin;
Devanne, ingénieur hydraulique;
Fieffé, propriétaire, agriculteur;
Grellet aîné, architecte;
Jannesse aîné, négociant en tissus;
O. de Lacolonge, capitaine d'artillerie, commandant la Poudrière de Saint-Médard;
Legris de Lassalle, propriétaire, membre du Conseil général;
Alex^dre Léon, négociant;
Magonty, chimiste;
Malaure, ingénieur des ponts–et–chaussées:
Rollier, professeur à la Faculté des sciences;
Souriaux, inspecteur des bateaux à vapeur.

et section des beaux-arts, composée de

MM. G.-Henry Brochon, avocat, *président;*
Soulié-Cottineau, avocat, *secrétaire;*
O. Balaresque, propriétaire;
Delprat, avocat;
Ferroud, professeur de musique;
Goûts–Desmartres, avocat, président de l'Académie de Bordeaux;
Guiraud, négociant;
Israel, négociant;
Thiac, architecte.

Les récompenses proposées par chaque section et

déterminées par le jury assemblé, ont été décernées en séance solennelle, à la salle Franklin, le 30 août au soir. A cette séance, dont l'éclat a surpassé celui de toutes les séances précédentes, assistaient les principales autorités de la ville et du département, les représentants de la Gironde présents à Bordeaux, et une foule considérable de dames, d'artistes, d'industriels, de négociants.

Voici, à titre de préface au *Rapport général de l'Exposition*, les discours prononcés dans cette magnifique fête de l'industrie et des beaux-arts.

Discours de M. G.-Henry BROCHON, président de la Société Philomathique et du Jury d'examen.

Messieurs,

C'est la France qui, en 1797, a créé les Expositions, en conviant nos manufacturiers à fêter, par l'exhibition solennelle de leurs produits, l'immortelle campagne de 96 ; grande et féconde inspiration qui ouvrait ainsi un temple à la paix sous les auspices de la victoire, et qui venait y consacrer les conquêtes de l'industrie après les journées d'Arcole, de Mantoue et de Rivoli !

Toute institution porte l'empreinte de son temps. La fondation des Expositions industrielles révélait une pensée d'antagonisme et d'hostilité contre l'Angleterre : « C'est » une première campagne, disait François de Neufchâ- » teau, le ministre fondateur, et cette campagne sera » désastreuse pour l'industrie anglaise. Nos manufactures » sont les arsenaux d'où doivent sortir les armes les plus » funestes à la puissance britannique. »

Les temps sont bien changés, et remercions-en Dieu ! De nos jours, l'industrie forge la paix et non la guerre. Dans l'immense arsenal de leurs manufactures, les nations européennes trouvent des armes courtoises qui frappent et qui ne blessent pas : l'Europe industrielle va bientôt, dans l'Exposition universelle de 1851, engager, aux yeux du monde entier, une lutte pacifique, où il y aura de la gloire et du profit pour tous, même pour les vaincus. Regrettons seulement que l'habile et puissante Angleterre, en se plaçant à la tête de ce mouvement civilisateur, ait pris le poste qu'aurait dû garder la France, cette sentinelle avancée de toute civilisation et de tout progrès.

Les États-Unis, jaloux de ne pas rester en arrière, vont, à leur tour, ouvrir une Exposition universelle, et appeler tous les produits de l'Europe en concours sur le marché américain.

Sur ces immenses et nouveaux champs de bataille, où la Paix, la bienfaisante Paix, conduit d'une main amie tous les peuples, la France aura, soyons-en sûrs, de dignes représentants; son honneur industriel sera noblement défendu, elle saura tenir son rang.

Mais pour qu'il en soit toujours ainsi, pour que la France industrielle et artistique ne soit jamais moins féconde et moins glorieuse que la France militaire et littéraire, il faut que, dans chacune de ses contrées, au midi comme au nord de son vaste territoire, ses enfants, jaloux de l'honneur de la mère-patrie, concourent de toutes leurs forces, dans les ateliers, dans les manufactures, à former un indestructible faisceau qui résiste aux efforts de la concurrence étrangère.

De là une première et nationale raison d'être pour les Expositions départementales; elles excitent une généreuse et salutaire émulation : ennemies de la routine et du *statu quo*, elles poussent l'industrie et les arts à progresser; elles les réveillent, si parfois ils viennent à s'endormir.

Honneur et succès aux exposants, qui consacrent leurs efforts à vulgariser des produits nécessaires, utiles, ou seulement agréables! Aujourd'hui, plus que jamais, il aura bien mérité de son siècle et de son pays, celui qui aura placé à la portée des existences les plus simples et des fortunes les plus modestes des produits jusqu'ici réservés, comme un privilége, aux situations exceptionnelles. Les Expositions n'ont pas de but plus noble que d'enlever à l'étroit domaine du luxe des produits qui puissent être importés dans l'immense champ de la consommation vulgaire.

Loin de ma pensée, néanmoins, de refuser un juste tribut d'éloges aux produits élégants, riches, somptueux, que créent, en s'associant, l'industrie et les arts. Ce serait méconnaître la mission spéciale du génie français dans la production européenne; ce serait dédaigner ce qui lui assure dans tous les concours une incontestable supériorité.

Le luxe invente des formes, engendre des perfectionnements dont profite à son tour la fabrication populaire; les voies inconnues, que le luxe semble n'ouvrir qu'à quelques élus, deviennent bientôt des routes battues par tous, qui les conduisent au bien-être. C'est donc injustement qu'on a quelquefois reproché aux Expositions d'encourager les tours de force. Les tours de force, dans l'industrie et dans les arts, ont leur utilité; car, pour les produire, il a fallu que l'imagination de l'industriel ou de l'artiste fût surexcitée et fît d'audacieuses conquêtes dans un monde inconnu : l'or, ainsi découvert, se change ensuite en monnaie courante et vient enrichir d'autant le patrimoine commun.

A ce double titre, comme exhibition des produits à bon marché, comme galerie ornée des produits de luxe, les Expositions donnent à l'industrie une impulsion nécessaire, un généreux élan.

On a souvent accusé nos contrées méridionales, je le sais, d'être dépourvues du génie manufacturier. L'homme éminent, si digne de présider le jury de l'Exposition de 1847, l'honorable M. Billaudel, a réhabilité, à cette époque, le génie bordelais, en rappelant ce qu'il avait su créer. Nos vastes chantiers de constructions navales, la fabrication annuelle de 800,000 barriques, le raffinage du sucre colonial, le coulage du verre, la préparation des vivres de mer, d'importants travaux métallurgiques, l'ébénisterie, la poterie, les tapis, le tissage, la chapellerie, les machines et tant d'autres industries, attestent que l'esprit et le caractère girondins conviennent, quand ils le veulent, aux entreprises manufacturières. Comme mon savant prédécesseur, avec bien moins d'autorité que lui, mais avec une égale conviction, je déclare que le Midi de la France a été calomnié, que ses intelligentes populations n'ont nullement à se défier de leur aptitude, et qu'elles ne doivent céder à personne le pas dans le domaine illimité des découvertes industrielles.

Seulement, il faut le reconnaître, elles ont besoin d'être stimulées : c'est le but et l'ambition de la Société Philomathique de Bordeaux. Elle n'admet pas l'oisiveté et l'apathie dans la sphère de son influence et de son activité ; elle dit à tout Français du Midi : « Marche, chaque jour amène son travail et chaque travail son progrès. Le progrès, loi éternelle de l'humanité, l'est surtout de l'industrie et des arts. Notre siècle voit enfanter des prodiges : marche avec lui, si tu ne veux te résigner à la honte d'une déplorable infériorité. Comprends ce que te réserve un prochain avenir ! Ces chemins de fer, qui t'emportent enthousiasmé pour eux, celui que tu réclames avec une si légitime impatience, et qui nous rapprochera de Paris, seront des voies ouvertes à une concurrence redoutable. Que cette pensée ne te décourage pas ; mais, du moins, qu'elle te réveille et qu'elle t'excite ! »

Et ce n'est pas d'aujourd'hui que la Société Philomathique aiguillonne ainsi l'émulation des industriels et des artistes. Ses Expositions triennales, fondées en 1827, ont cette année, pour la huitième fois, appelé le concours de tous ceux qui ne tiennent pas à garder dans l'ombre des produits destinés à la publicité. Pour la huitième fois, cet appel a été entendu par de nombreux exposants et la Société Philomathique a eu le bonheur de constater que l'Exposition de 1850 l'emportait de beaucoup sur ses aînées, et par la quantité toujours croissante des objets exposés, et surtout par leur qualité, leur variété et par d'incontestables perfectionnements. Je ne suis que l'écho de l'opinion publique, en proclamant cet évident progrès.

Pourquoi faut-il avoir à regretter que, dans Bordeaux même, des artistes et des industriels, qui n'auraient à attendre de l'Exposition et du jugement public qu'elle provoque, que d'honorables satisfactions, s'en tiennent systématiquement éloignés? N'y voyons qu'une erreur et plaignons-les d'y persévérer. Ils se privent volontairement ainsi de cette publicité féconde, qui sert de guide à tous, donnant la popularité au mérite et à l'imperfection d'utiles avertissements. Ce n'est pas le grand jour qui peut les effrayer : les produits de l'industrie et des arts aiment la lumière, la publicité c'est leur élément. Qui peut donc retenir ceux dont je parle à regret? Serait-ce du dédain ?

Oh ! non ; car ils trouveraient à nos Expositions des rivaux dignes d'eux. De la crainte ? Ce serait de l'injustice envers eux-mêmes.

Qu'il me soit permis d'ajouter qu'en exposant leurs productions en 1850, artistes et industriels auront eu pour les juger, comme aux Expositions précédentes, un jury digne de toute leur confiance. Je dois, comme président de la Société Philomathique, pour elle et en son nom, rendre un public témoignage de sa reconnaissance pour les hommes éclairés dont le concours a été si empressé dans l'accomplissement de cette haute mission. Et comme président du jury, je puis et je dois attester les longues études, le scrupuleux examen, les discussions élevées et pendant deux mois, le labeur quotidien, qui ont préparé ses consciencieuses décisions. Je puis d'autant mieux rendre cette justice à mes honorables collègues et à leurs travaux, que ma part d'aptitude a été plus petite, et que j'ai senti tout ce qui me manquait pour justifier l'honneur de les présider.

Quant à la Société Philomathique, si constamment dévouée aux artistes, aux industriels, aux ouvriers, elle a trouvé une précieuse récompense de ses sacrifices et de ses efforts, dans l'affluence incessante, pendant près de deux mois, d'une population empressée, curieuse, attentive. Là encore, et une fois de plus, on a pu constater à quel point notre population bordelaise est intelligente et amie de l'ordre ; à quel point elle est sympathique à tout ce qui est honorable et bon. Nous avons été heureux de voir les ouvriers de notre ville et les habitants de nos campagnes accourir en foule, et examiner gravement, sérieusement les objets d'arts et les produits industriels, cherchant à suppléer, par une attention studieuse, à l'insuffisance de leur instruction, et apportant, dans la candeur de leurs appréciations, ce bon sens naturel et cet instinct du beau et du bien que dirige une complète impartialité.

Je ne puis passer sous silence la visite et les suffrages flatteurs des Membres de la Commission d'enquête sur la marine. Leurs vastes occupations ne les ont pas empêchés, pendant leur court séjour à Bordeaux, de donner à notre Exposition quelques heures d'un examen approfondi et satisfait. C'est que nulle part ils n'auraient pu trouver un résumé aussi fidèle, un inventaire aussi exact des richesses industrielles et artistiques de nos contrées; c'est qu'ils ne nous croyaient peut-être pas aussi riches et aussi avancés.

Les autorités nous ont aussi honorés de leur visite attentive et de leur bienveillante approbation. Cette approbation est un encouragement pour la Société Philomathique comme pour les exposants; c'est la preuve que sa pensée est comprise et ses travaux appréciés. J'en remercie, en son nom, au nom des exposants, les dépositaires de l'autorité publique; leur présence à la fête du travail que nous célébrons ce soir en rehausse l'éclat et nous atteste de nouveau leur flatteuse sympathie.

Le haut patronage du Conseil général de la Gironde, du Conseil municipal et de la Chambre de commerce de Bordeaux, honore la Société Philomathique et la soutient dans tout le bien qu'elle accomplit.

Je laisse, c'est mon devoir et, je l'avoue, c'est aussi un regret, je laisse à l'honorable rapporteur du jury le soin et l'honneur d'entrer dans les intéressants détails que fournit la partie industrielle de l'Exposition: vaste champ qu'il serait trop long de vous faire deux fois parcourir.

Je ne veux dire que ceci: C'est que la Gironde doit franchement, résolument, aspirer à un avenir manufac-

turier ; qu'il appartient à Bordeaux d'être, à tous égards,
la métropole du Midi. Seulement, nos populations ignore-
ront toujours, je l'espère, les rigueurs impitoyables de ce
régime manufacturier, sous l'influence duquel l'enfant
s'étiole, la femme se dégrade et les forces de l'homme
s'épuisent ; les lois qui limitent les heures du travail ne
sont pas faites pour nos contrées, car, rendons-leur cette
justice, ni nos patrons, ni nos ouvriers n'en ont besoin.

La partie artistique de l'Exposition de 1850 a mérité les
applaudissements du public. Si quelques maîtres se sont
tenus à l'écart, des élèves sont devenus maîtres à leur
tour. Pour récompenser dignement nos peintres, le jury
n'a eu souvent que l'embarras du choix. Dans presque tous
les genres, le salon a présenté des tableaux qui seraient
bien vus partout ; quelques-uns même, par leurs éminentes
qualités, ont concilié tous les suffrages et le jury ne
pouvant disposer que de deux médailles d'or, a été heureux
de décerner deux médailles d'argent grand module à des artistes placés, eux aussi, hors ligne dans sa plus haute estime.

Pour les arts comme pour l'industrie, le cercle de nos
Expositions s'est agrandi, et avec lui, le nombre et l'importance des récompenses.

C'est ainsi que nous avons vu les compositions musicales venir à nous et répondre spontanément à l'appel que
la Société Philomathique fait à tous les beaux-arts ; elles
ont été les bienvenues. Pour hésiter à les accueillir, il eût
fallu pouvoir les adresser à quelque institution spéciale,
créée pour les recevoir et les encourager. En l'absence de
toute fondation de ce genre, la Société Philomathique a
été heureuse de les admettre et de les récompenser.

Le jury, pour guider plus sûrement son appréciation
en pareille matière, a appelé auprès de lui, elle s'y est

rendue avec empressement) une commission consultative, composée d'artistes et d'amateurs choisis parmi les plus compétents. Avec de tels guides le jury ne pouvait s'égarer; il a statué, en gardant au surplus toute la responsabilité de ses décisions.

Dans ce concours nouveau, il y a un germe fécond pour l'avenir; la Musique, cet art si séduisant et si populaire, tiendra sa place désormais dans nos Expositions.

A côté de cette satisfaction, un regret : Pourquoi l'Architecture n'est-elle pas plus complètement représentée? Ne sommes-nous pas dans la ville des Louis et des Corcelles? Bordeaux, la grande cité architecturale, a le droit d'exiger autre chose de nos Expositions. Où serait le remède? Une école d'architecture ne donnerait-elle pas une impulsion utile à l'étude de cet art si élevé, si difficile? Je ne fais que rappeler un vœu déjà exprimé lors des Expositions précédentes.

Parlerai-je de la Sculpture? Au milieu de productions dignes d'estime et d'encouragement, pourquoi ce vide que tout le monde remarque et que personne ne comprend?

J'ai proclamé les progrès des exposants. Il me reste à signaler quelques améliorations dues à la Société Philomathique.

Et d'abord, cette année, la récompense ne se fait pas attendre; elle couronne le mérite au moment même où il a fait ses preuves. Désormais il en sera ainsi, un long intervalle ne séparera plus la clôture de l'Exposition et la distribution des récompenses. Les souvenirs et les impressions du public seront vivaces, quand il aura, dans sa souveraineté, à contrôler nos jugements. Les artistes et les industriels ne seront plus soumis à l'incertitude d'une longue expectative.

Le nouveau réglement de nos Expositions porte ceci : « Le jury appréciera la part que les ouvriers peuvent avoir » dans les progrès accomplis. Ces ouvriers pourront être » compris dans la distribution des récompenses. » C'est avec une vive satisfaction que le jury a décerné pour la première fois ces récompenses à des ouvriers dignes à tous égards de son estime et de son approbation. Il est bien en effet, il est noble et utile de voir s'associer dans l'honneur de la distinction, comme ils l'ont été dans les fatigues du travail, la pensée qui dirige et le bras qui exécute, le patron et l'ouvrier. C'est proclamer tout ce qu'il y a de solidarité entre eux, tout ce qu'il doit y avoir de réciprocité dans l'affection et dans le dévouement.

Enfin, une tentative, nouvelle aussi, a été faite à l'Exposition de 1850 : cet essai prendra, nous l'espérons, un plus large développement dans l'avenir ; je veux parler des salles ouvertes aux produits étrangers. Nos Expositions n'admettent dans le concours des produits industriels que vingt-quatre départements méridionaux, placés dans des conditions analogues de production. La Société Philomathique a cru rendre un service de plus aux industriels de nos contrées, en mettant, sinon en concours, du moins en comparaison avec leurs produits, les produits des provenances éloignées, dans lesquels ils pourront puiser d'utiles exemples et trouver d'heureux modèles. S'il était permis d'assimiler les petites choses aux grandes, je dirais que longtemps avant l'Angleterre, notre modeste Société avait, elle aussi, dans l'humble mesure de ce qu'elle peut faire, conçu la pensée de généraliser ses Expositions et de ne pas les renfermer dans un cercle trop étroit et trop exécutif.

Artistes, industriels, comprenez-le bien tous, c'est ainsi que vous devez vous préparer à une concurrence universelle; c'est ainsi que nos rivaux s'y préparent de tous côtés : Poitiers, La Rochelle, Lyon, Toulouse, viennent d'avoir leurs Expositions. Vous vous acheminez vers l'avenir, ne vous en dissimulez pas les lois nouvelles. Regardez les merveilles qu'ont engendrées trente années de paix. Voyez la vapeur créant des miracles sur la terre et sur les mers ; les sciences exactes, asservies aux arts et à l'industrie, dont elles élargissent chaque jour le domaine ; toute distance effacée ; les plus effrayants problèmes résolus ; l'impossible devenu le réel. Ah! lorsque le monde physique abaisse, en esclave soumis, ses barrières devant l'humanité victorieuse, d'autres barrières, celles qu'une main fiscale a dressées entre les peuples, s'abaisseront à leur tour, soyons-en sûr ; et un immense marché s'ouvrira librement à tous les produits !

Chose étrange ! la liberté commerciale, ce concours pacifique et fraternel entre toutes les nations, naguère encore nos vœux unanimes l'appelaient comme une impérieuse nécessité ; d'abondantes souscriptions, de puissants comités s'organisaient pour l'obtenir. Ici même, dans la salle où nous sommes, au milieu d'un public nombreux et sympathique (me serait-il permis de taire ce souvenir personnel), des voix dévouées en proclamaient le besoin, en réclamaient ardemment le bienfait. Et cependant alors, sous la pression de l'omnipotence parlementaire du Nord, que de difficultés! que d'obstacles! Bientôt il y a eu place pour toutes les libertés et pour tous les progrès ; les utopies les plus irréalisables ont été proposées! et, dès ce moment, la liberté du commerce semble avoir perdu ses défenseurs ; la presse et la tribune ont gardé le silence ; l'opinion publique s'est absorbée en d'autres préoccupations !

Cet inexplicable oubli n'a point ébranlé les convictions

sincères, puisées dans l'amour du pays et dans l'étude de ses besoins. Liberté commerciale, pacifique progrès, vous fûtes l'aspiration du passé, et, malgré les dédains du présent, vous serez la vérité de l'Avenir!

Discours de M. DUFFOUR-DUBERGIER, président du Conseil général de la Gironde et de la Chambre de commerce de Bordeaux.

MESSIEURS,

Sur la demande de votre président, et en ma qualité de président du Conseil général et de la Chambre de commerce de Bordeaux, qui a pour mission spéciale de veiller aux intérêts commerciaux et industriels du département, j'ai cru devoir vous adresser quelques mots pour lesquels je réclame votre indulgence; car une absence obligée pendant l'Exposition, et des travaux importants depuis mon arrivée, ne m'ont pas laissé le loisir nécessaire pour apprécier convenablement le résultat de vos efforts.

Aussi, Messieurs, n'entrerai-je pas dans les détails de l'Exposition; je laisse à d'autres, plus compétents que moi en pareille matière, le soin d'indiquer les progrès qu'a faits l'industrie depuis votre dernière Exposition, et de signaler à la reconnaissance publique ceux d'entre les exposants qui ont le mieux mérité.

Pour moi, je me borne à constater un fait, c'est qu'il y a progrès et que l'industrie tend de plus en plus à s'implanter dans nos contrées.

Devons-nous nous en féliciter? Oui, pourvu que ces industries aient en elles-mêmes assez d'éléments de succès pour ne pas avoir besoin de priviléges; car dans ce cas, ce sont des industries parasites, qui, loin d'améliorer le sort de la masse, l'exploitent et vivent à ses dépens. Je ne regarderais pas, je l'avoue, la transplantation de ces industries chez nous comme un bienfait, s'il en était ainsi. Laissons à ces provinces déséritées du ciel le triste privilége d'exploiter à leur profit les consommateurs, au lieu d'améliorer leur sort, et attachons-nous à ces industries vivaces dont la nature nous a si richement dotés.

Le privilége, Messieurs, n'est plus de saison. Il serait singulier que, lorsque tous les priviléges sont abolis, que l'égalité est proclamée par tous et entre tous, il n'y eût de priviléges que pour quelques mauvaises industries incapables de vivre de leur propre vie, et qu'on leur sacrifiât notre liberté, les produits de nos sueurs, de nos bras, comme si ces derniers n'avaient pas droit de réclamer, à bien plus juste titre, cette égalité qui est proclamée partout et qui fait la base de notre droit politique.

Vous serez peut-être étonnés, Messieurs, de m'entendre parler ainsi dans cette réunion. Ah! sans doute, je n'oserais pas le faire si j'étais devant ces industriels du Nord, si habiles à nous exploiter et à nous faire payer leurs essais ou leur incapacité; mais je parle devant des industriels du Midi, devant des cœurs chauds et remplis de patriotisme, qui veulent affranchir leur pays du tribut qu'il paie à l'étranger, mais n'entendent pas prélever à leur profit un tribut plus onéreux sur leurs compatriotes. Enfin, si je parle ainsi, je le fais parce que j'ai la conviction profonde que notre pays est admirablement situé, pour ne redouter la concurrence de personne, ni à l'intérieur, ni à l'extérieur, si du moins le Gouvernement veut bien ne pas arrêter notre élan. Le seul encouragement que nous lui demandions, c'est de ne pas nous entraver, nous lier les bras, et avec cela nous ne craignons personne.

Vous parlerai-je d'abord, Messieurs, de l'industrie inhérente à notre sol du Midi, qui produit mieux qu'aucune autre ces vins si recherchés dans toutes les contrées du monde? car la production du vin est autant une industrie qu'une culture. C'est une industrie essentiellement nationale, qui ne redoute aucune concurrence, et qui pourrait être doublée, triplée, si on ne l'accablait pas d'entraves à l'intérieur et à l'extérieur.

Croyez-vous que l'industrie maritime ne prendrait pas un immense accroissement, si l'on ne fermait à dessein l'embouchure de notre belle Gironde, de l'Adour, de la Charente, à l'entrée comme à la sortie des marchandises?

L'industrie des constructions navales a déjà pris parmi nous un assez grand développement; que ne serait-il pas, si notre marine marchande prenait dans le commerce du monde, la place que la nature lui a assignée en dotant la France d'une immense étendue de côtes sur l'Océan et la Méditerranée? Mais à quoi bon de grands fleuves, à quoi bon des navires, si l'on n'a rien à exporter ou à importer? Or, notre système de douanes n'a pas d'autre but, ou du moins d'autre résultat, que celui de paralyser le mouvement maritime.

Ai-je besoin de vous signaler les immenses avantages que l'industrie de tous genres trouverait chez nous, en utilisant les forces qui se perdent et vont s'engloutir sans fruit dans l'Océan? N'avons-nous pas dans ce département, dans ceux de la Dordogne, de la Charente; mais plus particulièrement dans les départements des Hautes et Basses-Pyrénées, des forces immenses qui sollicitent et appellent l'industrie? Je viens de parcourir ces deux derniers départements et je ne crains pas de dire qu'aucun pays dans le monde n'offre d'aussi grands avantages. Partout la force motrice pour rien, et une force plus puissante que toutes les machines à vapeur du monde réunies. Depuis que la pompe à feu a envahi toutes les usines, l'industrie est naturellement placée là où le combustible était au meilleur marché; mais, quelque bon marché que soit la houille, elle coûtera plus que la force naturelle de l'eau qui descend de la montagne.

Aucun pays ne peut donc concourir avec ceux qui jouissent gratuitement de cette force. Aussi la fabrication de toiles a-t-elle pris un certain développement dans les contrées pyrénéennes, et d'autres industries y sont en voie de progrès. Nos fleuves nous donnent la facilité d'importer les matières premières, telles que houille, bois, cotons, laines, plantes oléagineuses, chanvres, lin, sucre, et d'exporter les produits fabriqués qui en proviennent. Je ne connais donc rien qui puisse s'opposer au progrès indéfini de l'industrie dans nos pays.

Ce que je dis n'est pas cependant vrai pour toutes les branches d'industrie; il en est que la nature repousse. Celles-là, il faut se garder de les introduire parmi nous. Le premier soin d'un fabricant doit être de s'assurer si son industrie jouit de tous les avantages matériels au même degré, ou même à un plus haut degré que les industries similaires rivales, et il ne doit l'embrasser qu'à cette condition; car alors, il produira à bon marché, il sera béni de ceux dont il aura amélioré le sort, tandis qu'il ne peut compter sur leur reconnaissance, si son industrie se borne à leur faire payer plus cher, à son profit, un produit qu'ils pourraient se procurer meilleur et à meilleur marché partout ailleurs.

C'est donc poursuivre un but utile, que d'encourager l'importation parmi nous de toutes les bonnes industries.

puisqu'elles ont plus de chances qu'ailleurs d'y prospérer naturellement et par leurs propres forces. Tel a été le but de la Société Philomathique en provoquant cette Exposition, et elle l'a atteint, si l'on en juge par la beauté et la perfection des produits exposés; mais ses efforts seraient inutiles, si les industriels eux-mêmes ne lui venaient en aide en luttant d'énergie et d'intelligence.

Le plus grand encouragement que puisse recevoir l'industrie, c'est l'accroissement de la consommation et l'extension du crédit; or, ces deux choses dépendent essentiellement de l'état politique du pays.

Si la paix, la sécurité sont ébranlées, il ne peut y avoir de confiance, et, par suite, par de crédit, pas de transactions. L'industrie et le commerce ont donc le plus grand intérêt à voir régner l'ordre et le calme, et doivent, par tous les moyens possibles, chercher à les consolider.

Malheureusement on cherche à égarer les ouvriers, à entretenir l'antagonisme entre eux et les maîtres, comme s'il pouvait y avoir des ouvriers sans maîtres, des établissements industriels sans chefs. Tout est lié dans l'industrie, et l'atelier ressemble à une compagnie, à un bataillon ou à un régiment, qui ne peut exister sans soldats, sans officiers supérieurs et généraux. Tous sont solidaires, et de même qu'un régiment où tout le monde voudrait commander serait infailliblement battu, de même une fabrique où il n'y aurait pas de contres-maîtres, de maîtres et de chefs, serait infailliblement détruite. La hiérarchie des pouvoirs est indispensable, et l'égalité parfaite une utopie sans application, et qui ne peut amener que les plus déplorables résultats.

Il en est de même de tous ces mots vides de sens, tels que crédit gratuit, droit au travail, dont on berce l'ouvrier. Le crédit ne se commande pas; le travail ne s'improvise pas; ils sont la conséquence de la confiance, et le taux de l'intérêt tend à diminuer d'autant plus que celle-ci est plus grande.

A Hambourg, en Hollande, l'intérêt est à 2 1/2 p. 100; en Angleterre, de 2 1/2 à 3 p. 100; à Bordeaux même, il ne dépasse pas 3 à 4 p. 100. Peut-on se plaindre du prix de l'argent, lorsqu'il est tombé si bas! Et ce résultat a été la conséquence d'une longue suite d'années de paix, d'ordre et de tranquillité.

Dans le moyen-âge, l'intérêt de l'argent valait 25 à 30 p. 100; plus tard, il est tombé à 15 et 20 p. 100, puis à 10 p. 100; et enfin, de nos jours, il est tombé à un taux si bas, qu'il laisse à peine les moyens de vivre à celui qui le possède. Est-il, je le demande, une denrée, une marchandise quelconque qui soit tombée à un aussi vil prix que l'argent? Et tout cela est le résultat de la confiance, et a été amené par la suite naturelle des événements et de la libre concurrence. La loi n'est pas intervenue; loin de là, chaque fois qu'elle a voulu intervenir, on a vu le crédit se resserrer, les capitaux disparaître.

Le capital est pour l'industrie ce qu'est une machine pour celle-ci. Je dirai même que c'est la machine la plus utile, la plus indispensable de toutes, et sans laquelle les autres ne peuvent fonctionner. Eh bien! comme je le disais, aucune machine n'est moins chère que le capital; aucune ne laisse moins de bénéfice à celui qui vous la cède ou vous la vend, que le prêt du capital n'en laisse à son possesseur.

Le capital est le nerf et l'ami de l'industrie; il est déjà tombé à un prix excessivement bas, et tend toujours à diminuer, pourvu qu'on laisse s'exercer la libre concurrence, mais malheur si on veut lui faire violence! car alors il disparaît ou se fait chèrement payer. Ceux qui déclament contre le capital, qui veulent que le crédit soit gratuit, sont donc les plus grands ennemis de l'industrie; car, point de capital, point d'industrie; et point d'intérêt, point de capital. Il est évident, en effet, que personne ne voudra travailler, économiser, pour se procurer une chose sans valeur.

Le capital est l'accumulation du travail, de l'épargne; l'industrie et le commerce n'ont d'autre but que de le former. Je ne crains pas de le dire, c'est l'ami du pauvre; car, la plupart du temps, le capitaliste n'est que le pauvre ouvrier devenu riche à force de travail et d'économie. Regardez autour de vous. Quels sont donc les capitalistes qui frappent vos yeux? Sont-ce des privilégiés de Dieu, qui possèdent, à l'exclusion des autres, et à toujours, ces richesses si enviées? Non, Messieurs, la plupart, je pourrais dire tous, sont les enfants de leurs œuvres. Ce sont des jeunes gens sortis de la poussière d'un comptoir ou d'une boutique; ce sont d'intrépides voyageurs, qui ont cent fois affronté les dangers de la mer; des ouvriers sortis de l'atelier, qui, peu à peu, ont accumulé épargne sur épargne et ont formé ces capitaux, qu'ils utilisent eux-mêmes ou qu'ils prêtent à un minime intérêt, pour assurer le repos de leur vieillesse.

Le capital est une chose fugitive, difficile à former, et plus difficile encore à conserver, car la roue de la fortune est toujours en mouvement; et il faut de grands efforts pour arriver au sommet, et de plus grands encore pour n'en pas tomber : c'est le symbole de l'égalité *possible* dans l'inégalité. Là, chacun peut arriver au pinacle ; mais aussi chacun peut descendre et tomber dans l'abîme.

Croyez bien, Messieurs, que Dieu a implanté dans le cœur de l'homme les instincts propres à sa conservation et à l'amélioration de son existence. Cette harmonie, qui dirige le monde matériel, n'est pas bannie, comme beaucoup de personnes le pensent, du monde moral. Nos passions, nos instincts, sont soumis, eux aussi, à des lois qui, si l'homme ne les contrarie pas, nous poussent au bien.

Permettez-moi, à cette occasion, de signaler à votre attention le beau livre de notre ami, M. Frédéric Bastiat, intitulé *Les Harmonies économiques*, dans lequel il prouve jusqu'à l'évidence, que l'harmonie qui règne dans les sphères célestes existe aussi dans les instincts de l'humanité; que notre égoïsme même concourt à cette harmonie générale, et que là où les mauvaises passions ne viennent pas étouffer les instincts et les mouvements du cœur et de l'esprit, et troubler les lois de la nature, tout, jusqu'aux dissonnances sociales est : *ordre, paix, harmonie !*

Suivez donc les inspirations de votre cœur, vos instincts, votre libre arbitre; car Dieu vous a doués des facultés nécessaires à votre développement physique et moral; méfiez-vous de ces utopistes qui veulent en savoir plus que Dieu lui-même, et veulent réformer les principes éternels d'ordre et de justice qu'il a implantés dans le cœur de l'homme.

Faites à autrui ce que vous voudriez qu'il vous fût fait : Ne lui faites pas ce que vous ne voudriez pas qu'on vous fît! Et en suivant cette règle sublime de la charité divine et de la fraternité humaine, vous trouverez l'aisance, quelquefois la fortune, et le bonheur toujours !

Discours de M. Alexandre LÉON, secrétaire-général de la Société Philomathique et rapporteur du Jury d'examen.

Messieurs,

Je me félicite de ce qu'ayant à prendre pour la première fois la parole dans une assemblée publique, ce soit pour honorer le culte des beaux-arts et la pratique intelligente de l'industrie.

Ma tâche serait facile si je pouvais vous lire les rapports spéciaux de chacun des membres du jury, dont le dossier, consciencieuse enquête sur la situation des arts et de l'industrie dans le Midi, serait une excellente réponse aux imaginations malades et sceptiques, qui nient tout ce qu'il y a dans la société française, de véritable dévouement et de profonde sympathie pour les intérêts du peuple. Mais les limites de cette séance s'y opposent, et vous devez être impatients de connaître les vainqueurs de la noble lutte à laquelle vous assistez depuis près de deux mois. Je dois donc me borner à quelques considérations générales pour lesquelles je compte sur votre bienveillante attention.

La Société Philomathique paie aujourd'hui aux artistes et aux industriels de nos contrées l'échéance triennale qu'elle leur a souscrite en 1826. Elle est heureuse de le constater, le nombre des concurrents s'accroît à chaque concours. En 1841, pour ne pas remonter plus haut, 50 artistes, 105 industriels ; en 1844, 72 artistes, 120 industriels ; en 1847, 86 artistes, 215 industriels ; aujourd'hui, en 1850, le nombre des artistes s'est élevé à 111 et celui des industriels à 225, chiffres énormes si on les compare à ceux des premières Expositions, si on réfléchit surtout

qu'ils ont été obtenus après une longue période de préoccupations politiques et de souffrances industrielles.

Le jury n'a cependant pas cru devoir augmenter les
récompenses dans une égale proportion. A mesure que le
concours devient plus sérieux, les distinctions doivent être
plus difficiles à obtenir. Puisque l'industrie et les arts de
nos contrées, d'écoliers qu'ils étaient, se sont fait hommes,
ils ne s'agit plus d'encourager leurs moindres efforts, mais
uniquement de rendre justice à leurs progrès réels.

En s'attribuant la double mission d'instruire et de
moraliser le peuple par ses classes d'adultes, d'encourager
les arts et l'industrie par ses Expositions, la Société Philomathique fait-elle, comme on l'a dit quelquefois, ce que
devraient faire les pouvoirs publics? Je ne le crois pas,
messieurs, et les premiers administrateurs de la ville et du
département ont prouvé, par leurs constants encouragements, qu'ils ne le pensent pas non plus. S'ils considèrent
comme un devoir pour eux d'intervenir lorsque le bien ne
se fait pas, lorsque le bien se fait et se fait bien par la
libre action des individus, ils reconnaissent que leur devoir
est d'encourager ceux qui le font, et non de revendiquer
une mission qu'ils n'accompliraient qu'à grands frais, avec
un peu plus de régularité peut-être, à coup-sûr avec moins
d'entraînement et de persévérance, parce qu'ils ne peuvent
agir eux-mêmes, et que leurs agents n'ont pas le puissant
mobile de la responsabilité. Déjà les administrations des
autres villes entrent dans la même voie, et récemment les
municipalités de Toulouse et de Poitiers n'ont pris l'initiative d'Expositions analogues à celle que nous célébrons
que pour s'effacer, à Toulouse devant une commission
spéciale, à Poitiers devant une société d'amis des arts.

Institués presque tous à l'origine par des sociétés, peut-

être que nos musées, nos jardins botaniques, nos biblio-
thèques seraient moins déserts et plus utiles, si une société
pénétrée de l'importance de sa mission, allait, ainsi que
cela se passe à Anvers, à Amsterdam, à Hambourg, dans
presque toutes les villes de l'Angleterre et de l'Allemagne,
au devant des besoins intellectuels de la cité. Mais c'est
une thèse, Messieurs, qui demanderait de longs développements. J'ai voulu la livrer à vos méditations, parce
qu'elle me semble contenir en germe la meilleure solution
de l'un des problèmes les plus graves de notre époque,
celui d'une équitable décentralisation. La décentralisation,
—ne vous effarouchez pas, Messieurs, les statuts de notre
Société me défendraient, si j'en avais l'intention, de toucher
au domaine brûlant de la politique, — nous l'obtiendrons
de la force des choses le jour où nous la ferons nous-
mêmes, en nous occupant nous-mêmes de nos affaires et
de nos intérêts; le jour, où cessant d'invoquer à tout propos l'action de l'État et de lui demander une prospérité et
des progrès qu'il ne dépend pas de lui de nous donner,
nous mettrons hardiment la main à l'œuvre, et, au lieu
de toujours crier vers l'État pour qu'il nous aide, nous
nous aiderons nous-mêmes. En invoquant à tout propos
l'action de l'État, nous avons tous, tant que nous sommes,
passez-moi le mot, Messieurs, le tort d'être trop socialistes.
Il semble, ainsi que l'a dit un économiste grandement honoré
naguère dans cette enceinte, « que nous considérions
» l'État comme la grande fiction à travers laquelle tout
» le monde essaie de vivre aux dépens de tout le monde. »

Le jury, ainsi que le voulait le réglement, s'est divisé
en deux sections, celle des beaux-arts et celle de l'industrie. Elles se sont communiqué le résultat de leur examen
et ont déterminé ensemble les récompenses qui vont être

proclamées. Le travail de la section des beaux-arts a été purement intérieur; il consistait, en effet, à apprécier uniquement les œuvres exposées. Celui de la section de l'industrie a nécessité la visite de tous les établissements de quelque importance, et souvent même des expérimentations longues et minutieuses, pour arriver à constater les résultats annoncés par les exposants. Pour les beaux-arts, l'impression du jury et du public a été plus favorable qu'aux Expositions précédentes. Un murmure improbateur accueille toujours, à Paris même, les produits de toute Exposition des beaux-arts, et toujours les premières critiques sont vives. Il n'y a, dans ce fait constant, rien d'affligeant pour les artistes. C'est le résultat du point de vue élevé où l'on se place forcément pour juger leurs œuvres, c'est la preuve de la nature divine de l'art. Qu'est-ce que l'art, en effet, sinon la réalisation de l'idéal? Mais l'idéal peut-il complètement se réaliser, et l'homme n'est-il pas réduit, par l'infirmité de sa nature, à ne pouvoir s'en approcher que plus ou moins, sans jamais l'atteindre? Comparant d'abord les œuvres d'art avec le modèle que chacun porte en soi, avec ces idées de beauté et de perfection, qui sont comme des souvenirs d'un autre monde, on les trouve toujours imparfaites. Mais c'est là une impression et non un jugement, et cette impression s'est promptement effacée lorsqu'on en est venu à examiner au point de vue de la réalité et du possible des œuvres éminemment distinguées, et qui seraient, ainsi que nous le disait tout à l'heure notre honorable président, distinguées partout.

Tous les genres étaient, avec plus ou moins d'éclat, représentés à notre Exposition. Pour le portrait, la nature morte et le paysage, les concurrents étaient très-nombreux. Le jury a décerné trois médailles d'or, dont un rappel; deux médailles d'argent grand module; vingt-deux médailles d'argent, dont dix rappels; vingt-deux médailles de bronze, dont cinq rappels; vingt-quatre mentions honorables. La Société Philomathique verrait avec bonheur, que, s'associant au but de sa loterie d'encouragement, l'administration municipale dotât le Musée de la ville de quelques-uns des tableaux couronnés. L'honorable directeur du Musée de Bordeaux regardera comme un devoir, nous n'en doutons pas, de prendre à cet égard l'initiative d'une proposition.

Le jury, en décernant à l'industrie cinq rappels de médailles d'or, deux médailles d'or nouvelles, six médailles d'argent grand module, quatorze rappels de médailles d'argent, treize médailles d'argent nouvelles, huit rappels de médailles de bronze, quarante-une médailles de bronze nouvelles et trente-huit mentions honorables, a récompensé des inventions utiles, des progrès sérieux, des établissements importants. Le titre de Membre honoraire de la Société Philomathique honore, dans la personne d'un de ses chefs, la plus ancienne fabrique de Bordeaux, élevée au premier rang des fabriques de France par quarante années de laborieux efforts. Les rappels de médailles d'or constatent : la marche progressive et désormais assurée de la manufacture gigantesque, qui ne le cède à aucune autre du même genre, par la beauté de ses produits et la régularité de son organisation; les développements qu'a donnés à la fabrication des meubles, le premier ébéniste de la Gironde; le droit de cité désormais conquis à Bordeaux pour la construction des machines à vapeur; enfin, la concurrence heureuse que les magnifiques linges damassés du Béarn peuvent faire désormais aux plus beaux produits de la Saxe. Les deux nouvelles médailles d'or, en allant honorer la découverte féconde d'un agriculteur de Maine-et-Loire, et l'admirable industrie d'un habile fabricant de Tarn-et-Garonne, apprendront aux industriels des autres départements, que la Gironde est impartiale et juste, et qu'elle n'apprécie pas seulement le mérite qui brille chez elle.

Les médailles d'argent grand module, récompense que le jury place à une faible distance de la médaille d'or, sont un degré de plus dans l'échelle hiérarchique de nos encouragements. Honneur à ceux qui l'ont franchi les premiers! Le rapport, qui est sous presse, ne contiendra pas seulement l'appréciation des produits récompensés, mais aussi la citation et l'examen des produits que le jury a trouvé utile de signaler à l'attention publique.

Une critique générale sera faite; elle a été déjà faite par le public; c'est que les prix n'ont été indiqués que sur un nombre très-restreint de produits. Il faut que le public comme le jury soient parfaitement éclairés sur ce point important, et le jury émet formellement le vœu que désormais l'indication des prix soit une condition inévitable de l'admission au concours des produits industriels.

Vous parlerai-je aussi des regrets du jury? Vous citerai-je les notabilités dans les arts et l'industrie qui n'ont pas répondu à notre appel, et qui ont manqué à la revue que nous venons de passer? Vous les connaissez, vous leur direz de venir à nous; car vous avez ce soir, par votre présence, sanctionné notre mission, et les trois cent trente-six artistes et industriels qui leur ont donné l'exemple l'ont sanctionnée avec vous. Vous leur ferez comprendre que ce n'est plus le temps des ténèbres, où l'alchimiste cherchait l'or dans son laboratoire secret; que c'est le temps de l'émulation et du travail au grand jour, et qu'aujourd'hui, l'obscurité tue, la lumière seule vivifie.

De l'examen des ressources industrielles des départements qui passent pour les moins industrieux de France, il ressort une satisfaction pour nous, c'est celle de l'admirable fécondité du génie français. Il n'est pas un point du globe où les fantaisies inimitables de notre goût ne portent, avec notre réputation, l'usage de notre langue et l'opinion de notre suprématie; mais cette suprématie nous échapperait si nous n'y prenions garde, si nous ne nous hâtions de reprendre la place que nous disputent déjà les autres nations. Dans cette France, dont on vante partout la civilisation, où sont, comme ailleurs, ces écoles professionnelles dans lesquelles l'enfant apprend à développer l'industrie de ses pères? Quand aurons-nous d'une manière complète ces lignes de chemins de fer, ces télégraphes électriques qui sillonnent en tous sens l'Amérique, l'Angleterre, l'Allemagne? Intelligents et prime-sautiers, nous donnons le mouvement, mais nous tardons à le suivre. Il serait bon que, réfléchissant à ce que nous avons et à ce qui nous manque, appréciant avec calme nos défauts comme nos qualités, les enseignant aux enfants dans les écoles, aux ouvriers dans les ateliers, à nous-mêmes par la parole et par les écrits, nous apprissions à profiter des uns, à porter remède aux autres.

Vous me pardonnerez, Messieurs, ces considérations générales; elles ne sont que le résumé des conversations des Membres du jury et des réflexions qu'ils se communiquaient dans l'exercice des fonctions délicates qu'ils viennent de remplir, et où, lorsque chacun apportait le tribut de ses lumières et de son expérience, je ne pouvais offrir que mon désir d'apprendre et ma bonne volonté.

RAPPORT GÉNÉRAL

SUR L'EXPOSITION DE 1850.

INDUSTRIE.

Le Jury a eu à examiner les envois de deux cent vingt-trois exposants ; un rapport spécial a été fait sur chacun d'eux. Le *Rapport général* ne mentionne que les exposants qui ont obtenu des récompenses et ceux dont les produits ont paru au jury dignes d'être signalés à l'attention publique.

I.

AGRICULTURE.

(Instruments et procédés, produits.)

M. DEBEAUVOYS, *agriculteur à Suette, près d'Angers (Maine-et-Loire)*, a présenté à l'Exposition un nouveau système de ruches, qui a été examiné par une commission spéciale, nommée par le jury. Cette commission a assisté à des expériences faites par M. Debeauvoys lui-même et par M. Fieffé, membre du jury.

Un rapport circonstancié de ces expériences, présenté par M. Fieffé, sera imprimé, en conformité des décisions du jury ;

il suffit donc de constater ici les résultats obtenus par M. Debeauvoys et ses titres à la reconnaissance des apiculteurs.

M. Debeauvoys a combiné un système de ruches tel, que, grâce à la possibilité d'enlever les châssis par la partie supérieure de la ruche, on arrive :

1° A prendre le miel et la cire sans détruire les abeilles ni leur couvain, et même sans les faire sortir de la ruche ;

2° A trouver dans les replis les plus cachés de la ruche, et à détruire les fausses teignes avant qu'elles exercent leurs pernicieux ravages ;

3° A nourrir les abeilles, pendant les temps difficiles pour elles, d'une manière véritablement efficace, en plaçant la nourriture là où elles ont coutume de la trouver ;

4° A s'emparer des essaims nouveaux, à faire des essaims artificiels avec la plus grande facilité et la certitude de presque toujours réussir.

Modifiant ses châssis d'une manière heureuse, M. Debeauvoys les a construit de façon qu'ils puissent se séparer en deux cadres, et qu'on puisse ainsi enlever le cadre supérieur, mettre à sa place le cadre inférieur, dégager le premier du miel, et le replacer ensuite à la disposition des nouveaux travaux des abeilles.

Enfin, dans les expériences qu'il a faites devant le jury et dans les considérations qu'il a publiées sous le titre de *Guide de l'Apiculteur*, il a établi d'une manière irrécusable la possibilité de faire naître, à volonté, de nouvelles reines qui gouvernent de nouveaux essaims, et l'absurdité qu'il y avait à détruire, comme on le fait encore presque partout dans nos contrées, des quantités considérables d'abeilles pour s'emparer du miel.

En résumé, le résultat des améliorations apportées à l'apiculture par M. Debeauvoys, serait tel, qu'une ruche qui ne donne en moyenne, dans nos contrées, au dire de M. Fieffé et de quelques autres apiculteurs, que 2 fr. de revenu annuel, donnerait de 15 à 20 fr.

Sans admettre ni contester ces chiffres, reconnaissant d'une manière évidente l'immense portée des travaux de M. Debeau-

voys, et les développements qu'ils peuvent donner à l'apiculture,
qui est une des ressources les plus importantes des Landes, le
jury n'a pas hésité à décerner à M. Debeauvoys la plus haute
récompense dont il puisse disposer pour un exposant nouveau,
la médaille d'or.

M. HOUYAU, *ingénieur-civil, à Angers (Maine-et-Loire)*,
a exposé une machine à battre les grains, qui présente, sur
les machines analogues, l'avantage important de pouvoir être
facilement transportée et installée sur le point où s'opère la
récolte. Conduite par six personnes et par deux chevaux qui
font tourner le manége, elle peut, en six heures de travail,
battre sept cents gerbes (gerbes du Nord, soit quatre cents gerbes
environ du Midi) et séparer de la paille 40 hectolitres de froment.
Plus utile dans les grandes exploitations de la Bretagne ou de la
Beauce, cette machine ne mérite pas moins d'être encouragée
dans le Midi ; et si, comme le croyent certains agriculteurs, le
blé ainsi battu est moins susceptible de se piquer que le blé
battu à bras, il serait important, dans nos contrées où la
propriété est si divisée et où la culture est entre les mains
parcimonieuses de paysans métayers, d'importer une machine
qui, facile à transporter d'une propriété à une autre, peut être
acquise par plusieurs propriétaires associés, ou louée à ses voisins par celui qui a pu l'acheter. Le prix est de 630 fr.; le jury
espère que M. Houyau perfectionnera sa machine dans le sens
d'une réduction importante sur ce chiffre élevé.

M. Houyau a exposé de plus un rouleau pour la compression
des empierrements des routes, qui se compose d'un cylindre
creux, en fonte, tournant sur un essieu en fer forgé, et d'un
châssis en charpente, qui porte de chaque côté de l'axe deux
caisses ou trémies, l'une au-dessus, l'autre au-dessous du plan
de l'attelage, que l'on remplit de gravier, de sable ou de pierres,
de manière à augmenter graduellement la force comprimante.

La machine, sans charge additionnelle, pèse environ 3,000
kilogrammes. A mesure que l'empierrement se consolide, on

remplit peu à peu les trémies, de manière à porter le poids total jusqu'à **7,000** kilogrammes.

Le rouleau de M. Houyau a été employé dans le département de la Gironde au cylindrage de la nouvelle route du Cypressac, sur la route nationale n° 136, sous la direction de M. Alphand, ingénieur des ponts-et-chaussées et Membre du jury ; le rapport présenté constate que les avantages du cylindrage sont :

1° De livrer immédiatement au roulage une chaussée complètement liée, régulière, unie et parfaitement résistante ;

2° D'opérer la prise des matériaux presque sans écrasement ;

3° De procurer une chaussée de composition plus uniforme, renfermant une proportion de détritus déterminée, celle nécessaire à la liaison des matériaux ; offrant, par cela même, une solidité beaucoup plus grande que les chaussées dont la prise a eu lieu par l'action du roulage ; s'usant ensuite plus uniformément, et exigeant moins d'entretien, soit en matériaux, soit en main-d'œuvre.

Les renseignements qui précèdent motivent l'importante récompense de la médaille d'argent grand module décernée à M. Houyau.

M. J. HALLIÉ, *mécanicien, fondateur de l'Exposition de Machines agricoles, allées d'Orléans*, **10**, *à Bordeaux*, a exposé une collection d'instruments d'agriculture et d'horticulture, qui ne laisse rien à désirer sous le rapport de la bonne, solide et élégante exécution ; le jury, constatant l'importance de l'établissement de M. Hallié, la part qui lui revient à juste titre dans les progrès agricoles de nos contrées, lui décerne le rappel de la médaille d'argent qu'il a obtenue en 1847, tout en l'invitant, comme en 1847, à mettre ses instruments plus à la portée de toutes les bourses.

M. FIEFFÉ, *propriétaire, quai Louis XVIII, à Bordeaux*, a exposé :

1° Un modèle de barrage d'irrigation ;

2° Une barrière en fonte et fil de fer pour prairies ;

3° Une herse à disques tranchants.

Placé en dehors du concours par ses fonctions de Membre du jury, M. Fieffé n'a pas moins considéré comme un devoir d'appeler l'attention publique sur des applications nouvelles et d'utiles procédés. Ses collègues, ne pouvant lui offrir des récompenses qu'ils mériterait à tous égards, tiennent à lui décerner de justes éloges, pour le zèle constant avec lequel il s'occupe d'essayer et de répandre les meilleures innovations agricoles, et pour l'empressement qu'il met à communiquer aux agriculteurs les résultats souvent très-heureux de ses travaux et de son expérience.

M. DOLLEY, *rue de Sèze*, *n° 5*, *à Bordeaux*, a exposé une machine à égréner le maïs, qui est bien exécutée et mieux conçue que la plupart des machines destinées au même usage ; elle ne remédie pas cependant à deux inconvénients inhérents au système, à savoir l'égrenage incomplet et le bris du grain dans une certaine proportion. En décernant une mention honorable à M. Dolley, le jury l'invite à chercher une solution à ces deux difficultés, et à faire aussi en sorte de diminuer le prix un peu élevé de sa machine.

M. Jules SAINT-AMANS, *à Villeneuve-sur-Lot*, a exposé un sécateur pour la vigne, qui présente l'avantage d'opérer la section par glissement et sciage, comme le ferait un couteau, au lieu de l'opérer par pression. Ce résultat a été obtenu en rendant mobile, dans une rainure longitudinale rectiligne, le tourillon ordinairement fixe autour duquel tournent les deux branches. Le jury, appréciant l'importance de cette amélioration et le désintéressement avec lequel elle a été livrée au domaine public, accorde à M. Saint-Amans une mention honorable.

M. NIAUD, *mécanicien à Sainte-Foy (Gironde)*, a présenté à l'Exposition une raquette à couper le blé, qui se distingue de celles dont on fait généralement usage, par un perfectionnement assez important. Elle est armée de quatre baguettes en bois léger, disposées de telle façon qu'elles rassemblent les tiges de blé et les couchent exactement les unes à côté des autres ; en sorte que le ramasseur, qui doit former les gerbes, n'a presque d'autre ouvrage que de les lier. L'usage assez général que l'on fait déjà depuis longtemps de cet instrument dans le canton de Sainte-Foy, justifie l'heureuse idée de M. Niaud et la mention honorable que le jury lui a décernée.

M. Paris HILAIRE, *maréchal-ferrant*, *à Agen (Lot-et-Garonne)*, a présenté à l'Exposition un instrument appelé hippodomètre, servant à prendre la mesure exacte et invariable du pied du cheval. Au moyen de cet instrument, on peut préparer le fer aux dimensions qu'exige le pied du cheval, sans fatiguer l'animal d'essais et de tâtonnements, et on a surtout l'avantage de pouvoir employer le ferrement à froid, qui est, de l'avis des meilleurs praticiens, de beaucoup préférable au ferrement à chaud. Les inconvénients de ce dernier système sont d'échauffer souvent et de brûler la fourchette, partie très-délicate du sabot, et d'irriter le cheval par la chaleur de la forge, la fumée et l'odeur de la corne brûlée. Le jury désire que la mention honorable, qu'il décerne à M. Paris Hilaire, puisse l'aider à répandre son utile invention.

M. GOUJON, *forgeron-taillandier, à Mâcon (Saône-et-Loire)*, a envoyé à l'Exposition une doloire. Cet instrument de tonnellerie est d'une bonne et solide fabrication ; mais, comme il s'agit d'un objet d'utilité et non d'un objet de luxe, le jury aurait eu besoin, pour accorder autre chose que l'honneur d'une citation dans son rapport, d'en connaître le prix.

M. LAFOREST, *propriétaire, à Brantôme (Dordogne)*, a envoyé à l'Exposition un coupe-feuille de mûrier, à grille mobile. Tout instrument qui offrira l'avantage de couper rapidement et à bon marché la feuille au degré de finesse qui convient aux premiers âges des vers, sera un perfectionnement important dans l'élève des vers à soie. Mais cet avantage se trouve-t-il dans le coupe-feuille de M. Laforest, c'est ce qui n'est pas démontré. M. Laforest a dit lui-même, en le présentant, qu'il n'en avait pas fait l'expérience, et que l'éducation de l'année 1850 l'amènerait à y introduire d'utiles modifications. Le jury attend donc les résultats de l'expérience avant de se prononcer sur le mérite de cet instrument.

M. Raymond DAT, *forgeron, à Saint-Macaire (Gironde)*, a exposé un vis de pressoir, dont le pas est très-régulièrement exécuté et indique que l'exposant doit avoir un tour à fileter bien monté et bien conduit. Il est à regretter que M. Raymond Dat n'ait pas fait une exposition plus complète des produits de son industrie, d'autant plus que, tout en reconnaissant que sa vis de pressoir est une pièce de fer forgé très-remarquable, il faut constater que la vis de pressoir n'a plus la même valeur, comme pièce mécanique, depuis que les ateliers de construction de machines se sont développés et, grâce à un outillage mieux fourni, fabriquent mieux et à meilleur compte qu'autrefois.

M. BATAILLÉ, *ingénieur des ponts-et-chaussées dans le Loiret, et propriétaire dans le Lot*, a exposé, sous la dénomination un peu vague de machine agricole, le modèle d'une machine à animaliser les eaux d'irrigation et à fabriquer les engrais, tout en utilisant la partie soluble et le liquide que l'on perd dans les divers systèmes de fabrication des poudrettes.

Le système de M. Bataillé, qui est surtout avantageux à employer sur une vaste échelle et dans une exploitation importante, consiste à produire le mélange des matières animales avec une forte quantité d'eau, par le moyen d'un moteur à vent qui fait agir des pelles de bois. Lorsque le mélange est fait, les eaux animalisées vont, par un robinet supérieur et des conduits, se répandre dans les prairies que l'on veut arroser, et les matières insolubles tombent ensuite, par un large robinet inférieur, dans une fosse où leur dessiccation s'opère par l'évaporation naturelle. Le jury recommande ce système à l'attention des agriculteurs, et espère que la mention honorable qu'il décerne à M. Bataillé sera un encouragement de plus pour lui de continuer à faire faire de nouveaux progrès à la science agricole.

M. Giles SÉNAT, *cours d'Albret, n° 60, à Bordeaux*, a exposé divers échantillons d'engrais, ayant pour base le sang et la chair musculaire des animaux.

Son procédé consiste à arrêter la fermentation putride, en mêlant aux matières une légère quantité d'acide nitrique, d'acide sulfurique ou même de sulfate d'alumine; puis il les dessèche à l'air ou absorbe une partie de l'eau par des mélanges avec des cendres lessivées, des vases calcinées, etc.

Depuis longtemps déjà on prépare à Paris, en faisant coaguler le sang par l'ébullition et en le séchant à l'étuve ou à l'air, de la poudre de sang, qui se vend 20 fr. les 100 kilogrammes. On en expédie beaucoup aux colonies pour la culture de la canne à sucre.

Le procédé de M. Sénat ne peut qu'améliorer la qualité de l'engrais de sang, en le rendant plus propre à être utilement mélangé au guano et aux fumiers d'étables, auxquels convient parfaitement l'addition d'acide sulfurique ou de sulfates solubles. Il croit pouvoir livrer à 15 fr. 25 c. le mètre cube d'engrais. Cette quantité serait suffisante pour fumer richement 5 ares de prairies. La fumure de l'hectare reviendrait à 305 fr., prix que l'agriculture peut payer, si l'effet de l'engrais dure au moins trois ans. M. Sénat n'a pas encore fabriqué ses engrais sur une échelle assez considérable pour qu'on puisse apprécier suffisamment leurs effets et les comparer avec le prix de revient; c'est ce qui a décidé le jury à lui décerner une mention honorable et à ajourner à la prochaine Exposition la distinction plus élevée que méritera, lorsqu'elle aura été sanctionnée par l'expérience, une fabrication aussi utile à l'agriculture qu'à la salubrité publique.

M. H. BRESSON, *à Bruges, près Bordeaux*, a présenté à l'Exposition de 1844 les produits de sa magnanerie et de sa filature de soies. En 1847, l'époque avancée du concours ne lui permit pas d'y envoyer ses produits; il a été plus heureux cette année, et le jury a constaté avec satisfaction les progrès qu'il a introduits depuis 1844, soit dans l'organisation de sa magnanerie, soit dans celle de sa filature. Son établissement est d'une grande importance industrielle pour le département.

Sa magnanerie a fait éclore cette année 52 onces de graine et a produit 873 kilogrammes de cocons, faible rendement, dû aux circonstances défavorables de la saison. Elle offre le modèle pratique des meilleurs procédés d'éducation. Son atelier de tissage comprend quinze bassines chauffées à la vapeur et pourvues de tours qui présentent tous les perfectionnements connus. Aussi les soies qu'il a exposées ont-elles un éclat, une netteté, une égalité, une rondeur qui ne laissent rien à désirer. Cet atelier exploite ordinairement 4,000 kilogrammes de cocons et peut en mettre en œuvre 10,000. Il offre donc un vaste débouché à la production des magnaneries de la Gironde et des départements voisins. Les magnifiques plantations de mûriers de M. Bresson, le soin avec lequel elles sont tenues, l'intelligence qui préside à la taille des arbres, ont particulièrement mérité les éloges du jury. C'est avec une satisfaction toute spéciale qu'il a décerné à M. Bresson le rappel de la médaille d'argent obtenue par lui en 1845.

M. GUÉNARD, *propriétaire et maire, à St-Yrieux (Charente)*, a exposé de très-beaux cocons de soie. Il élève les vers à soie sur une échelle assez importante, et emploie habituellement 4 onces de graine. C'est lui qui a introduit la culture du mûrier dans l'arrondissement d'Angoulême, ce qui lui a valu, en 1838, une médaille du ministre de l'agriculture. Le jury, en lui décernant une mention honorable, récompense en même temps la beauté des produits de sa magnanerie et la constance avec laquelle il s'occupe depuis longtemps de sériciculture

Mmes LES SŒURS DE SAINT-JOSEPH, *cours d'Aquitaine, n. 10, à Bordeaux;*

Mlles DUPONT, *sœurs, à Pessac (Gironde);*

M. ROZAN, *à Tonneins (Lot-et-Garonne)*, ont exposé des cocons de vers à soie, qui ont mérité l'attention du jury et lui ont paru réunir les conditions d'une bonne production.

M. P.-C. DUFFOURC-BAZIN, *directeur de la Ferme-École du Gers, à Lectoure (Gers)*, a exposé cinquante-six échantillons de laines et trois toisons entières, provenant d'un troupeau de race Kento-mérinos New-Kent. Ces laines sont d'une très-grande finesse, d'un brin bien égal et bien nourri et présentent tous les caractères d'un excellent produit.

L'établissement de M. Duffourc-Bazin a été fondé en 1828. Grâce à ses soins, à la bonne exposition qu'il a choisie, à l'intelligence avec laquelle sont installées la bergerie, la ferme, les décharges, etc., ses troupeaux n'ont jamais éprouvé d'épidémies. Il retire annuellement 6 à 700 hectolitres de blé, 12 à 1,500 kil. de laine, et livre, en outre, à la consommation, 150 à 200 bêtes à laine.

Tout en regrettant que la distance ne lui permette pas d'aller compléter par une visite détaillée les éclaircissements qu'il s'est procurés, et de vérifier si les résultats obtenus, quand au rendement des toisons et aux qualités des animaux pour la boucherie, sont en rapports avec la belle qualité de la laine, le jury n'a pas hésité à décerner à M. Duffourc-Bazin une médaille d'argent.

M. FERRY, *propriétaire, cultivateur, à Villemarie, près La Teste (Gironde)*, a exposé deux échantillons de riz récolté dans les Landes, l'un de la variété sans barbe, dite *chinèse*, à grains gros et transparents, l'autre de la variété à barbe, dite *nostrano*, à grains plus petits et d'un blanc opaque. Quoiqu'au dire de plusieurs dégustateurs, la première variété soit la meilleure, cependant le commerce préfère la seconde.

Le riz sans barbe a l'avantage de mûrir quinze jours avant le *nostrano*, ce qui paraît assurer le succès de sa culture dans les landes d'Arcachon. Le *nostrano* est très-bien arrivé à maturité pendant trois années consécutives; mais il n'est pas encore certain qu'il en soit toujours ainsi, quoiqu'il soit permis d'espérer que l'expérience de cette culture, dans notre climat, indiquera les soins propres à hâter le développement de la plante.

Les rizières de M. Ferry se distinguent par la beauté de la végétation ainsi que par l'abondance des produits. Elles occupent actuellement une surface continue de 50 hectares, et offrent à l'œil (juillet 1850) la verdure la plus fraîche et la plus riante, sur un sol qui n'a reçu qu'un seul labour de défrichement et au milieu de landes arides, qui montrent, comme contraste, leurs bruyères aux sombres couleurs. MM. de Vingelles, Brothier et M⁽ᵐᵉ⁾ Delorme ont fait aussi des rizières, mais sur des espaces beaucoup moindres.

L'année dernière, M. Ferry a obtenu un rendement moyen de 40 hectolitres de riz brut, ou plus de 1,300 kilogrammes de riz net par hectare, avec une dépense de 205 fr. pour frais de culture de toute espèce. L'état de la végétation présente cette année les mêmes circonstances.

Cet heureux résultat, qui est d'une grande importance pour les landes d'Arcachon, a déterminé le jury à décerner à M. Ferry une médaille d'argent.

M. Émile LÉON, *propriétaire, à Bayonne (Basses-Pyrénées)*, a envoyé à l'Exposition vingt-huit citrons provenant d'arbres plantés en pleine terre et en espalier. Trois citronniers venus de Nice, en plans très-jeunes, ont été plantés, en avril 1844, à 65 centimètres de distance d'une muraille qui a 2 mètres 70 centi-mètres de hauteur. Ils forment aujourd'hui un rideau très-garni et partant de terre, d'une étendue de 11 mètres 30 centimètres, sur une hauteur de 2 mètres 70 centimètres. La récolte est à peu près permanente, mais l'époque de la plus grande abondance est de septembre à décembre. Le 4 juillet dernier, il a été recensé, d'une manière aussi exacte que possible, de quatre cent cinquante à quatre cent soixante citrons, tous à l'état de maturité de ceux qui ont été exposés, et sans compter les jeunes fruits et une grande quantité de fleurs. Les fruits, dont les dimensions sont énormes, offrent toutes les qualités des meilleurs citrons de table.

Ces citronniers sont abrités en hiver au moyen de planches et de châssis vitrés. Cinq citronniers du même plan, mis en caisses le même jour et placés l'hiver dans une orangerie des mieux exposées, ne donnent que des fruits ordinaires et n'ont qu'une végétation très-ordinaire. Voyant le succès de son premier essai, M. Emile Léon a planté d'autres citronniers dans les mêmes conditions. Presque tous ses voisins commencent à suivre son exemple. La mention honorable, qui lui a été décernée, récompense un véritable succès horticole.

II.

PRODUITS MÉTALLURGIQUES.

Le Jury de 1847 exprimait le regret de voir qu'un aussi petit nombre de maîtres de forges de nos contrées ait répondu à l'appel de la Société Philomathique ; la Société n'a pas été plus heureuse cette année ; ce qui est d'autant plus surprenant et fâcheux, que des changements très-importants ont été récemment introduits dans les forges des Landes, et que la constatation des bons résultats obtenus n'aurait pas été inutile aux intérêts de ceux qui les ont réalisés.

Ainsi les fontes de moulage ont reçu, dans une usine des Landes, de grandes améliorations, par l'emploi de l'air chaud, essayé jusque-là sans succès ; et les fontes pour affinage ont acquis de bien meilleures qualités, par le mélange des minerais de la Biscaye avec ceux du pays. Ce dernier essai a surtout produit de si heureux résultats, qu'on peut s'attendre à voir avant longtemps les fers des Landes aussi recherchés que ceux du Périgord.

Les deux seuls grands établissements qui aient envoyé leurs produits, sont : la forge de La Rivière, dans la Haute-Vienne ; et la fonderie de Saint-Jean-d'Angély, dans la Charente-Inférieure.

La chaudronnerie en cuivre est cultivée avec succès à Bordeaux par un grand nombre d'industriels, qui se divisent en fondeurs, en chaudronniers, en fondeurs et chaudronniers à la fois.

Les fondeurs emploient du vieux cuivre et du cuivre en saumon venant des colonies anglaises ou de la Russie. Les chaudronniers travaillent des planches de cuivre venant, en majeure partie, de Romilly et de Toulouse. La ville de Bordeaux reçoit chaque année du Chili des quantités considérables de minerais, qui pourraient y être traités aussi avantageusement que partout ailleurs, et donneraient des cuivres bruts, qui ne coûteraient ni les frais de transport ni les droits d'entrée des cuivres venant de l'étranger.

Lorsqu'on songe que les minerais qui nous arrivent du Chili doivent être envoyés dans le nord de la France pour y être affinés et laminés, et revenir, grevés de frais de transport considérables, en feuilles de cuivre destinées au doublage de nos navires et à la consommation de notre chaudronnerie, on ne saurait trop souhaiter l'établissement dans nos contrées d'une grande usine pour le traitement de ces matières premières.

MM. BOUILLON JEUNE et FILS, *maîtres de forges, à Limoges*

(Haute-Vienne), ont exposé : 1° des petits carrés de diverses forces, destinés à la fabrication des clous pour le ferrement des animaux, qui sont très-doux et se ploient parfaitement à froid. Ils laissent quelque chose à désirer sous le rapport de la blancheur du grain, et donnent des clous à cheval un peu inférieurs à ceux d'autres usines; mais aussi ils se vendent à 10 p. 100 meilleur marché environ, soit de 40 à 45 fr. les 100 kilogrammes;— 2° des fils de fer très-bien fabriqués, très-lisses et très-ductiles, dont le prix, variable de 50 à 100 fr. les 100 kilogrammes, suivant les numéros de grosseur, est assez modéré; —3° des pointes, dites de Paris, bonnes et bien confectionnées.

Ces produits se recommandent par la bonne qualité des matières employées et par la régularité de leur confection. Ils sont recherchés dans un grand nombre de départements du centre et même dans le département de la Seine. Une petite partie s'expédie aussi en Espagne et dans les colonies.

L'usine de La Rivière, entièrement remontée par Messieurs Bouillon, en 1837, a reçu, tout récemment, d'heureuses modifications et paraît destinée à un bel avenir. Elle est très-importante et très-complète, et comprend : un haut-fourneau et quatre feux d'affineries avec un marteau et un martinet; deux fours à réchauffer et un train de laminoir; seize bobines à tréfiler et vingt-cinq métiers à pointes; un atelier pour ajustage et tournage et une chaînerie. Elle occupe quatre-vingts à quatre-vingt-dix ouvriers, et livre annuellement 800,000 kilog. de produits.

Les fours à réchauffer ont reçu, depuis quelques mois, une modification pour laquelle MM. Bouillon ont pris un brevet d'invention, et qu'ils assurent devoir leur faire obtenir une économie de 50 p. 100 sur le combustible et de 5 p. 100 sur les déchets. Si ce résultat se confirme, il ne pourra manquer de faire baisser les prix de vente.

C'est la première fois que MM. Bouillon ont envoyé leurs produits à l'Exposition de Bordeaux, et la médaille d'argent qu'ils ont obtenue leur présage pour plus tard les plus hautes distinctions.

MM. **Legendre**, *maîtres de forges, à Saint-Jean-d'Angély (Charente-Inférieure)*, ont adressé à l'Exposition une collection très-variée de fontes moulées, telles que pilastres, panneaux de balcons, consoles, garnitures de rampes d'escaliers, etc. Ces objets, obtenus par un mélange de fonte brute d'Écosse et de débris de fonte française, sont en général de très-bon goût et bien exécutés; mais les prix sont élevés et pourraient, dans l'opinion du jury, être réduits de 15 à 20 p. 100.

Ils ont exposé, en outre, des crémones en fonte et fer, pour croisées, qui se distinguent par leur élégance, la douceur de leur mouvement et la modération de leur prix; et des vis en fer pour pressoirs, fabriqués avec beaucoup de précision, à l'aide d'une machine à fileter, à double effet, qui permet de les donner au prix très-raisonnable de 1 fr. le kilogramme.

L'usine de MM. Legendre est établie dans un pays peu industriel, à qui elle rend de grands services; ses produits sont très-soignés et cotés à des prix qui, sans être aussi modérés qu'ils le pourraient, présentent cependant, à l'égard de certains objets, des avantages sur ceux des autres usines du même genre. La médaille de bronze, décernée par le jury, sera un stimulant pour de nouveaux progrès.

M. **Paul**, *fondeur-serrurier, rue Ségur, n° 12, à Bordeaux*, a exposé des statuettes en fonte et un lit en fer. Le lit en fer, à frise de verre, est un produit exceptionnel, et l'invention, qui consiste à placer une matière aussi fragile que le verre à la hauteur des pieds et du balai des domestiques, n'est pas très-heureuse. Directeur d'un établissement important de serrurerie, M. Paul a eu tort de ne pas appeler le jury et le public à se prononcer sur les nombreux produits de sa fabrication courante; il eût probablement pu prétendre à de très-hautes distinctions, que justifierait parfaitement la position qu'il occupe dans l'industrie métallurgique à Bordeaux.

Ses statuettes sont de véritables œuvres d'art, et c'est à elles que s'adresse le rappel de la médaille de bronze de 1847. En effet, lorsque dans un atelier où s'exécutent tant d'ouvrages d'industrie courante, on arrive à reproduire, en fonte, les chefs-d'œuvre de la sculpture et on obtient des statuettes qui ne pèsent que quelques kilogrammes, grâce à la précision du noyau introduit dans le moule; lorsque le travail est fait si délicatement, que les modèles en plâtre, après avoir été frappés dans le sable, ne sont pas altérés; lorsque enfin, la fonte est si pure, la ligne si bien conservée, qu'il n'y a pas de retouche à opérer, et qu'il suffit d'ébarber et de brosser la pièce moulée pour qu'elle ait l'aspect d'un objet ciselé; lorsqu'on obtient de tels résultats, on est plus qu'un fondeur ordinaire, on est presque un artiste distingué.

M. FAGET, *serrurier, rue Salpétrière, n° 2, à Bordeaux,* est l'auteur d'une colonne tournante de machine à forer, qui a attiré les regards de tous les connaisseurs. Il faudrait remonter aux siècles passés, au temps où l'art de la serrurerie brillait de tout son éclat, pour trouver un ouvrage analogue. Sans s'arrêter à l'objection qu'un travail aussi coûteux n'ajoute rien à l'utilité de la machine à forer, considérant ce travail comme un nouveau témoignage du mérite éminent de M. Faget, qui a déjà fait ses preuves d'habile serrurier et de bon mécanicien, le jury a voté la médaille de bronze.

M. GOUBIN, *poêlier, à Condom (Gers),* a adressé à l'Exposition un buste de Louis XVIII, repoussé au marteau dans une feuille de cuivre rouge, une statuette de **J.-J.** Rousseau et le demi-buste d'un pompier, obtenus par le même procédé; des boules formées de diverses métaux, cuivre rouge, laiton et zinc. Si l'on oublie le mauvais goût et l'inutilité de ces objets, pour ne voir que leur exécution, on réconnaît que M. Goubin manie le marteau avec habileté. Mais quel avantage présente la fabrication pénible d'une boule de 15 à 20 centimètres de diamètre, formée de divers métaux et coûtant 100 fr. ? Que M. Goubin, qui doit être un excellent poêlier, puisqu'il est un habile marteleur, envoie à la prochaine Exposition des articles d'industrie courante,

et il obtiendra certainement meilleure justice d'un jury, que
satisfait moins la pénible exécution d'un demi-buste, fut-ce
celui d'un pompier, que le martelage d'un bon chaudron.

M. Ch. GODARD, *fabricant de tamis, rue Bouffard, n° 33, à
Bordeaux*, mentionné honorablement en 1847, pour son modèle de
tamis à réson, destiné au filtrage du sirop de cannes, a représenté
ce même modèle, dans lequel il a remplacé les garnitures en
fer par des garnitures en cuivre, pour satisfaire à la demande
des colonies. Il a de plus exposé un crible circulaire de 50
centimètres de diamètre; la toile métallique est de fil de fer
n° 10 disposé en mailles carrées de 5 millimètres de côté; elle
est soutenue au-dessous par trois traverses de fil de fer n° 19 se
croisant au centre. Ce crible, de difficile exécution, est précieux
pour les matières siliceuses employées à la fabrication des poteries
et dure beaucoup plus que ceux usités auparavant. Il a mérité à
M. Godard le rappel de la distinction qu'il a eue en 1847.

III.

APPAREILS ET MACHINES.

MM. COUSIN ET FILS FRÈRES, *fondeurs-mécaniciens, rue La-
fayette, n° 3, et quai de Bacalan, n° 98, à Bordeaux*, ont répondu
aux reproches que le jury de 1847 faisait à notre industrie
métallurgique, de ne pas fabriquer des machines à vapeur importantes, en présentant à l'Exposition une machine à vapeur
destinée à la raffinerie qu'organisent MM. Helan-Petit et Cⁱᵉ.

Cette machine diffère essentiellement de celles qui ont été
installées dans la plupart des autres raffineries de Bordeaux, et
dont quelques-unes ont été exécutées par M. Suerez, que le jury
aurait voulu trouver plus fidèle aux Expositions Philomathiques.
Les six pompes qu'elle fait mouvoir ne sont plus les unes à la
suite des autres sur le grand arbre; celui-ci n'en porte que quatre,
qui sont disposées deux à deux, à angle droit; et les deux

dernières, les pompes à eau, sont placées en contre-bas du cylindre à vapeur, et sont mues par la prolongation de la tige du piston de ce cylindre. On arrive ainsi à équilibrer, autant que possible, les forces, tout en occupant moins d'espace.

Le système adopté pour la force motrice de la vapeur, consiste dans l'emploi de la vapeur à moyenne pression, avec détente et sans condensation ; et celui pour le vide, dans l'emploi de pompes pneumatiques d'un plus grand diamètre que d'ordinaire, afin d'arriver à un vide plus parfait et de diminuer d'environ moitié la durée d'une cuite. Ce dernier résultat, s'il est obtenu, sera d'une grande importance pour la qualité des produits.

Le mouvement des tiroirs de distribution et de détente de la vapeur est obtenu à l'aide de courbes calculées pour que les orifices s'ouvrent et se ferment avec rapidité. Cette disposition est bien entendue. Quelques critiques pourraient être faites aux moyens adoptés pour donner le mouvement aux diverses pompes. Les excentriques à galets des pompes à air seront sujets à quelques dérangements. L'excentrique à frottement des pompes de retour est d'un effet peu gracieux, et les barres qui communiquent au balancier ne paraissent pas aussi solidement liées qu'on pourrait le désirer. Enfin, le mode de liaison des tiges des pompes à eau avec leur balancier, et du balancier avec la tige du piston à vapeur, pourrait donner lieu à quelques observations.

L'application viendra bientôt, du reste, donner à MM. Cousin, mieux que l'examen approfondi du jury, la mesure des progrès qu'ils peuvent faire faire encore à leur fabrication. Le jury est heureux de constater que les progrès qu'ils ont fait depuis la dernière Exposition sont très-importants, et que par le fini des pièces de fonte et de fer, ainsi que par la précision de leurs ajustages, ils soutiennent dignement leur réputation de bons constructeurs et sont dignes du nouveau rappel de la médaille d'or qu'ils ont obtenue en 1844.

MM. Cousin, qui travaillent considérablement pour la marine et qui ont eu tort de ne pas envoyer à l'Exposition des échantillons des chaînes-câbles qu'ils fabriquent sur une grande échelle, ont exposé une machine a gouverner, sur les avantages de laquelle les avis des marins sont très-divisés, mais dont le jury a constaté la remarquable simplicité et l'excellente fabrication.

MM. Daney frères, *constructeurs de chaudières, rue des Petites-Carmélites, n° 35, à Bordeaux*, ont exposé une chaudière à tubes calorifères, pour bateau à vapeur, et un appareil complet à cuire dans le vide, destiné, comme la machine à vapeur de MM. Cousin, à la raffinerie de MM. Helan-Petit et Ce.

La chaudière à vapeur ne laisse rien à désirer. L'appareil complet à cuire dans le vide se compose d'une chaudière de cuite, de deux colonnes de sûreté et d'un réfrigérant. La belle exécution des diverses pièces de cet appareil en cuivre, l'uni et le poli des surfaces, la parfaite liaison des soudures, le bon ajustement des tuyaux et des robinets, prouvent avec quelle habileté MM. Daney exécutent les travaux de chaudronnerie. Aussi ils ont travaillé à l'installation de presque toutes les raffineries de Bordeaux, et sont arrivés à se créer une telle clientelle, qu'ils occupent journellement quatre-vingts ouvriers et font pour 4 à 500,000 fr. d'affaires par an. Ils possèdent, rue des Douves, deux ateliers à peu près complets pour la fonte, le tournage et de martelage du cuivre ; et rue de l'Abattoir, un vaste atelier pour la construction des générateurs de vapeur. Le jury leur a décerné l'éminente distinction d'une médaille d'argent grand module, et croit leur donner une nouvelle preuve de tout l'intérêt qu'il porte à leur important établissement, en les invitant à améliorer encore et à compléter l'outillage de leurs ateliers, et à faire en sorte de réduire, comme ils le pourront certainement, les prix encore trop élevés des produits de leur fabrication.

MM. A. Motteau et Ce, *constructeurs de machines, faubourg Sainte-Ausone, à Angoulême*, ont exposé une machine à couper le papier en tous formats.

Ces habiles mécaniciens se livrent spécialement à la fabrication des machines à papier continu ; ces merveilleux appareils, qui.

en quelques minutes, transforment en une feuille de papier immédiatement propre à l'usage, mais d'une largeur constante et d'une longueur indéfinie, la pâte liquide de chiffons broyés. Une seule opération manuelle était nécessaire après le travail mécanique, c'était le coupage de cette feuille en tous formats.

Cette opération, peu dispendieuse, ce qui fait qu'elle pourra persister à rester en usage pendant quelque temps encore, laissait beaucoup à désirer sous le rapport de la précision. M. Motteau a imaginé un appareil, véritable complément de la machine à papier continu, qui ne laisse rien à désirer sous ce rapport.

Cet appareil est mu par le moteur général; il reçoit, sur un prisme octogonal, le papier de celle des dévidaires de la machine, dont la charge est complète et libre. Le papier est pris et appelé par deux rouleaux, dont le mouvement est intermittent; la longueur du chemin qu'il parcourt entre deux repos consécutifs égale la longueur que doit avoir la feuille; il continue ensuite sa route entre deux cylindres armés de disques tranchants qui forment cisailles continues, et sont placés sur les cylindres à des distances égales à la largeur du format désiré; il arrive enfin, sous un long couteau rectiligne, qui se meut verticalement et forme cisaille avec une lame fixe placée au-dessous. Le mouvement des disques tranchants est intermittent comme celui des rouleaux d'appel; le temps de repos à la même durée que le temps de mouvement, et c'est pendant le temps de repos que la feuille, déjà coupée en long par les disques, est coupée en travers par le couteau rectiligne.

La machine de M. Motteau est aussi bien exécutée dans toutes ses parties qu'elle est bien conçue; un seul point de détail a paru au jury laisser quelque chose à désirer, c'est le linguet ou plutôt la série de petits linguets, portée par une roue intermédiaire à mouvement circulaire alternatif, et destinée à produire, sur le grand rochet qui commande le cylindre d'appel, le mouvement circulaire intermittent. Peut-être un linguet à mordache, sur un rochet lisse, serait-il préférable.

Une médaille d'argent grand module a été décernée à

MM. Motteau et Ce, tant pour la machine qu'ils ont exposée que pour la grande importance de leurs établissements. C'est dignement honorer leur bienvenue aux Expositions bordelaises, et les inviter, pour 1850, à de nouveaux succès.

M. MORTIMER-STERLING, *mécanicien, quai de la Monnaie, à Bordeaux*, s'occupe particulièrement de machines à vapeur. Il a fait de nombreuses recherches sur les transmissions de mouvements les plus propres à obtenir la détente, sans étranglement dans la lumière. Ce mécanicien est toujours très-chargé d'ouvrage. En 1847, sa machine à vapeur arriva trop tard pour concourir. Cette année, les importants travaux du bateau le *Xavier* ne lui ont pas permis d'envoyer une pièce digne de sa réputation. Le jury désire que dans trois ans M. Sterling trouve le loisir de faire quelque travail important sans commande, ou obtienne d'un de ses nombreux clients la faveur d'exposer un des appareils qu'il aura pu exécuter d'ici là.

MM. LOBIS et BERNARD, *chaudronniers–mécaniciens, rue d'Aquitaine, n° 63, à Bordeaux*, ont exposé un appareil à fabriquer les boissons gazeuses, qui ne présente aucune modification nouvelle ; mais qui a le mérite d'être exécuté avec une grande perfection et de se vendre de 15 à 20 p. 100 au-dessous de ceux de Paris. L'essai qui a été fait devant une commission du jury a donné de très-bons résultats. MM. Lobis et Bernard ont des appareils de trois dimensions différentes, capables de fournir, par jour, 200, 500 ou 1,000 bouteilles. L'appareil exposé est, avec la pompe pour l'introduction du liquide dans le vase compresseur, du prix de 1,200 fr. La médaille de bronze, décernée à MM. Lobis et Bernard, récompense l'importation à Bordeaux d'une fabrication nouvelle et un travail de chaudronnerie et d'ajustage extrêmement remarquable.

M. Edmond GROSLARD, *poélier, rue des Remparts, n° 40, à Bordeaux*, a exposé une baignoire domestique avec son cylindre.

La baignoire, bien exécutée, n'offre d'ailleurs rien de nouveau. Le cylindre, bien exécuté aussi, indique l'intention de porter au dehors l'acide carbonique dégagé pendant le chauffage. Cette intention n'est qu'imparfaitement remplie, et M. Groslard fera bien de revoir son œuvre, qui mérite d'être favorablement citée.

M. Guillaume BARTHÉLEMY FILS, *forgeron pour la marine, à Lormont (Gironde),* a exposé une machine à gouverner, marchant par levier, et une machine à guindeau. La machine à gouverner est d'une grande simplicité; mais elle a l'inconvénient sérieux d'obliger le timonier à changer fréquemment de place.

La machine à guindeau est installée de manière à transformer, par la combinaison du levier et de la roue à rochet, un mouvement vertical alternatif en un mouvement circulaire continu. Le mécanisme semble un peu fragile pour l'usage auquel il est destiné, et une pièce cassée serait difficile à remplacer pendant une traversée.

M. Barthélemy n'est établi que depuis quatre ans; il cherche à fabriquer bien et à bon marché. Le jury, en lui décernant une mention honorable, lui a prouvé qu'il apprécie ses travaux.

M. J.-B. BONIOT, *conducteur des ponts-et-chaussées, à La Rochelle,* a envoyé à l'Exposition un modèle du bateau roulant, dont la notice, le dessin et les devis lui valurent une médaille de bronze en 1847. Ce modèle n'ajoute rien à l'invention, qui attend, comme en 1847, le contrôle de l'expérience. Une chambre de commerce, un constructeur, un négociant ou le Gouvernement lui-même, ne se décideront-ils pas à faire une expérience pour laquelle M. Boniot ne demande que 600 fr., et dont l'importance, si elle réussissait, serait incalculable? Le jury rappelle à M. Boniot sa médaille de bronze de 1847.

M. CHEVRIER, *employé au décasement du port, rue Entre-deux-Murs, n° 12, à Bordeaux,* a exécuté le modèle exact de

l'utile machine qui sert au dévasement de notre port, et qui
devrait être employée à entretenir en bon état les diverses
passes de notre beau fleuve. C'est un travail de patience, qui
dénote, chez son auteur, des connaissances mécaniques toutes
spéciales et lui a valu une mention honorable.

M. FAYANT, *forgeron, rue des Menuts, n° 32, à Bordeaux,*
propose de faire mouvoir à bras les martinets jusqu'ici mus par
l'eau ou la vapeur, et a présenté un modèle de martinet qui
serait mû à bras par trois hommes se relevant avec trois autres,
de deux en deux heures. Un marteau de 40 kilogrammes
aurait, suivant lui, une vitesse de 380 coups par minute. La
course maximum du marteau serait de 0,35, et la durée du
travail de dix minutes à peu près par chauffe. Il paraît que d'ici
à quelques mois le système Fayant sera employé. D'ici là on
ne peut le juger que par le contrôle, très-positif d'ailleurs, des
calculs théoriques. Ce contrôle est peu favorable ; et en accor-
dant à M. Fayant le rappel des mentions honorables qu'il a
obtenues en 1844 et 1847, le jury a voulu surtout honorer
l'ouvrier estimable, constamment préoccupé de faire faire de
nouveaux progrès à son industrie.

IV.

HORLOGERIE.

L'horlogerie a été portée, de nos jours, à un degré de
perfectionnement extraordinaire. Les maîtres de l'art, en
France comme en Angleterre, construisent chaque jour,
pour la marine ou pour les cabinets d'observation, des
chronomètres qui, après avoir été exposés pendant plusieurs années à toutes les brusques variations de la température, à tous les accidents des voyages lointains, varient
à peine de quelques secondes au retour. Et si l'on examine

l'ensemble prodigieux d'axes, de pignons, de roues légères, subordonnés les uns aux autres, recevant tous le mouvement d'un mince ruban, si fragile, que le moindre choc le briserait ; accélérant ou modérant ce mouvement, le réglant, le subdivisant comme ferait un pur esprit, pour marquer ici l'heure, là les minutes ou les secondes, le jour du mois et le quantième de l'année, on ne pourra se défendre d'un sentiment d'admiration pour la haute raison, pour l'esprit inventif et pour l'habileté prodigieuse de l'artiste qui a su concevoir, et exécuter ensuite avec une précision et une rigueur presque idéales, de telles combinaisons.

Et cette précision n'est pas seulement le propre des appareils d'un prix élevé, utiles à la mer ou pour les spéculations du savant, on la retrouve presqu'égale dans la modeste petite montre, à boîte d'argent ou de cuivre, que l'ouvrier ne paye guère plus que le prix d'une serrure un peu soignée. Le bon marché, caractère de l'horlogerie courante de nos jours, est dû exclusivement aux procédés de fabrication. Toutes les parties de la montre sont d'abord ébauchées dans de grands ateliers, où la division du travail est poussée à sa dernière limite, et qui, à cause de cela, peuvent livrer à des prix excessivement bas des appareils solides, exactement travaillés et susceptibles, une fois finis, de devenir parfaits. La Suisse a le monopole des grandes manufactures de *mouvements*, et avec elles, en dépit des droits protecteurs, elle a tué toute concurrence en Europe. Quant aux montres de précision, c'est de l'art pur et de l'art élevé au plus haut degré de difficultés ; et, depuis qu'elle a eu Bréguet, depuis un demi-siècle, la France a vaincu l'Angleterre et marche sans contestation au premier rang.

M. Delafeuille, *horloger, fossés de l'Intendance*, n° **72**, à

Bordeaux, n'a exposé que des pièces qui peuvent, avec des titres différents, se classer dans l'horlogerie de précision. Dans la grande pendule de cabinet, cet artiste a montré une connaissance et une intelligence parfaites des principes rationels de son art. Le moteur, bien placé, bien développé, a une grande puissance; et l'échappement, cette partie si essentielle et si difficile, qu'à elle seule elle peut rendre l'appareil excellent ou mauvais, est des plus délicats et des plus sensibles; c'est celui d'Arnold. On peut lui reprocher les défauts attachés à cette grande délicatesse : sa détérioration trop prompte, l'extrème difficulté des réparations, ce petit coup sec qui, après chaque double oscillation, annonce l'arrêt et restitue au balancier la force perdue, etc., etc. Mais ces défauts sont ceux du principe, et M. Delafeuille ne les a pas exagérés, seulement il eût mieux fait d'armer de pierres dures les palettes qui choquent. Le rouage est bien soigné, bien combiné surtout; et la compensation métallique, choisie principalement et disposée pour faire ornement, révèle du goût et de la facilité.

Il en est de même de la petite boîte de montre portative, qui n'a été exposée que comme spécimen de travail; car la montre, en elle-même, à échappement de rencontre, est ordinaire.

L'échappement **Dupleix**, si généralement adapté aux montres anglaises, prouve que **M. Delafeuille** a approfondi les modifications apportées en France et en Angleterre aux principes de son art; on en doit dire autant du petit cadran destiné à prendre directement et avec assez de précision, au lieu de s'en rapporter à l'appréciation de la vue et au tâtonnement, les calibres des axes, cadran qui doit trouver un emploi fréquent et réellement utile dans les réparations.

M. Delafeuille n'a pas de maison de construction; il sait que cela est impossible en France, mais il a des élèves et s'occupe de la réparation des pièces fines. Sous ce double rapport, c'est une bonne fortune pour Bordeaux, et il mérite les encouragements et les éloges. La médaille de bronze est pour lui un acheminement à de nouveaux succès.

M. Véron, *horloger, à Angers (Maine-et-Loire), a plusieurs* apprentis; pour mieux les exercer et leur apprendre les détails de la construction d'une montre, il leur fait construire des mouvements plus ou moins complets et toutes ces parties ébauchées qui se font à si bon marché dans les grandes maisons spéciales de la Suisse. C'est un exercice utile, indispensable peut-être; mais ce ne peut pas être une industrie réelle ; la lutte ne serait pas possible, et il n'y a pas en France un horloger qui, pour le double, le triple du prix, fabriquerait de toutes pièces une des montres qu'il vend journellement.

Les mouvements, amenés à divers états de fini, que M. Véron a exposés, se font remarquer par de la solidité et assez de précision dans les rouages. A quelques défauts près de calibrage, de centrage des pivots, d'alignements des centres, on doit reconnaître que M. Véron apporte un soin sérieux à former ses élèves.

Le chariot de tour se recommande par les mêmes qualités ; il y a des vis dont les hélices sont remarquables de précision, c'est l'essentiel; cependant les mouvements horizontaux offrent une perte de temps très-considérable. Comme il est important d'encourager en France le développement des arts de précision, le jury a décerné à M. Véron une mention honorable.

M. Laurendeau, *horloger-mécanicien, rue de Cheverus, à Bordeaux,* a exposé un petit appareil de cosmographie, qu'il a construit pour l'École des Sourds-Muets de notre ville ; cet appareil est propre à tout enseignement, et ce serait chose très-utile que de le propager dans les écoles. Il montre, avec netteté, simplicité et avec une rigueur suffisante, les rapports de situation des corps du système solaire avec le foyer régulateur, le double mouvement de la terre et le mouvement concommittant de la lune. Les phénomènes, si délicats pour l'explication des saisons, de la succession du jour à la nuit, de la variation de leur durée dans le même lieu et pour des lieux différents, etc., etc., ressortent du jeu même de la machine, avec une évidence qui ne laisse aucun doute. Cet appareil est une reproduction simpiifiée, et en petit, de celui qui avait été construit pour la Faculté des Sciences, et qui mérita, il y a six ans, une médaille d'argent. Quoiqu'il n'y ait pas eu de modifications depuis lors, le jury est heureux de rappeler que M. Laurendeau a été déjà récompensé comme l'un des horlogers-mécaniciens les plus habiles, les plus ingénieux et les plus intelligents du Midi. Il nous a promis quelque appareil nouveau pour la prochaine Exposition. Nous attendons avec confiance.

V.

INSTRUMENTS, OUTILS ET COUTELLERIE.

M. JOUET FILS, *coutelier, rue du Pas-Saint-Georges, n° 12, à Bordeaux*, a exposé des instruments de chirurgie et de coutellerie, qui ont été, les premiers surtout, l'objet d'une analyse approfondie et de rapports circonstanciés. M. Jouet travaille seul, aussi tout ce qui sort de ses mains est-il parfaitement exécuté. Ses pièces de forge sont bien venues et façonnées avec aisance ; on a remarqué, entre autres, un forceps brut.

Il a compris que la meilleure garantie de succès était dans la bonté et le bon marché des pièces courantes ; et il est parvenu à fournir de bons couteaux de table à 9 fr. la douzaine, des rasoirs à 4 fr. et des petites trousses de médecin à 16 fr.

Il se consacre particulièrement aux instruments de chirurgie. Une heureuse modification à l'ajustage des branches du forceps lui a valu l'approbation de nos plus célèbres accoucheurs et des journaux de médecine. Cette modification a paru très-importante au jury, en ce qu'elle permet la réunion et la séparation des deux branches avec la plus grande facilité, tout en rendant leur jonction très-solide pendant le temps de l'opération.

M. Jouet a obtenu une médaille de bronze.

M. Alphonse BOULLAY, *coutelier, rue Porte-Dijeaux, n° 9, à Bordeaux*, qui a obtenu une médaille d'argent en 1847, n'a pas rempli, pour pouvoir concourir, les conditions imposées par le réglement. Le jury a cru devoir, néanmoins, examiner ses produits et a remarqué, d'une manière toute spéciale, un appareil destiné à percer les barriques et généralement toutes les pièces de bois en trous coniques, dont le principe est original et neuf, et atteste chez l'auteur un esprit inventif et un sentiment mécanique des plus remarquables. Il ne constitue, du reste, qu'une faible partie d'une machine inventée par M. Boullay, et qu'il nomme *bascule à centre fixe régulateur*. Le centre est réellement fixe et consolidé ; il règle le mouvement ultérieur du système, et, par un mécanisme ingénieux, très-habilement et savamment combiné, il permet d'emporter, sur bois, sur marbre, sur pierre, sur métaux, des plaques circulaires de dimensions quelconques, avec une précision qu'on était loin d'espérer dans ces sortes de travaux. Le jury n'a pu examiner cette machine que sur un dessin, M. Boullay n'en ayant pas d'installée.

M. RECLUS AÎNÉ, *coutelier, à Bergerac (Dordogne)*, a exposé des bondonnières ou mèches anglaises *enveloppées*, qui n'offrent pas les avantages du petit appareil de M. Boullay. Outre que les petites lames, à forme de losange, placées au centre et latéralement, sont délicates, difficiles à affiler et d'un entretien dispendieux, elles n'ont ni la même étendue de destination, ni la précieuse fixité d'un centre régulateur; elles travaillent moins vite, fatiguent davantage l'ouvrier et sont plus chères. Mais si on les considère en elles-mêmes, et sans les comparer à l'appareil de M. Boullay, elles sont vraiment remarquables par la beauté, la solidité du travail et le soin apporté dans la disposition des parties. En décernant une médaille de bronze à M. Reclus, le jury a signalé à l'attention publique un ouvrier qui se recommande autant par les soins consciencieux de son travail que par son activité habile et intelligente.

M. LAURA, *forgeron, à Saint-Martin-de-Loge, près Guitres (Gironde)*, a présenté des tarrières pour percer les pompes,

assez habilement exécutées. La vrille qui les termine, finissant
en pointe très-aiguë, doit résister peu de temps à la cohésion
du bois. Outre que c'était peu de chose pour juger de l'aptitude
de M. Laura, il eût été essentiel de connaître le prix de ses tarrières pour pouvoir les apprécier.

M. SAINTE-MARIE, *fabricant de limes, place du Vieux-
Marché, n° 3, à Bordeaux*, a obtenu déjà une médaille de bronze.
L'assortiment de limes qu'il a exposé cette année est un des
produits les plus remarquables de l'Exposition et justifie les
espérances conçues par les jury de 1844 et de 1847. La médaille
d'argent, décernée à M. Sainte-Marie, récompense une industrie
véritablement importante.

M. MEYNOT FILS AINÉ, *taillandier au Pénitencier Saint-Jean,
rue Lalande, à Bordeaux*, en exposant une collection nombreuse
et variée de modèles en miniature d'outils de toutes les pro-
fessions, a prouvé qu'il a une connaissance très-grande de
son état. Mais il eût été à désirer que des spécimens en vraie
grandeur eussent permis de juger de son habilité de main
dans les œuvres courantes, qu'il livre à bon compte et dont il
a un important débouché. A la prochaine Exposition, le taillandier du Pénitencier Saint-Jean offrira au jury l'occasion de
décerner à ses travaux et à ceux de ses élèves mieux qu'une
mention honorable.

M. VIVEZ FILS, *fabricant, à Bordeaux, place des Capucins,
n° 8*, a exposé un soufflet de forge, un soufflet de boucher, un
soufflet à soutirer le vin et une forge de bijoutier. Tous ces
objets sont bien conçus et bien exécutés. M. Vivez reconnaît
que la mention honorable, qu'il a eue à la dernière Exposition,
a été pour lui un puissant stimulant. Les progrès de sa fabrication lui ont mérité cette fois la médaille de bronze.

M. GARCEAU, *serrurier, à Rochefort*, a exposé une petite

forge portative, au dos de laquelle il a fixé un établi, un étau e
une machine à forer. Ce sont tous les outils principaux du
serrurier, groupés de manière à occuper peu de place et pouvant
se transporter facilement. L'idée est bonne, mais l'exécution
laisse à désirer. Le système de persiennes à lames mobiles,
s'abaissant et se levant par une crémaillère, qu'a présenté
M. Garceau, est susceptible d'applications utiles.

M. FAUCHÉ, *menuisier, rue du Pas-Saint-Georges, n° 14;*
M. LAMBERT, *menuisier, rue du Loup, n° 13, à Bordeaux,*
représentaient dignement à l'Exposition une industrie modeste
et cependant fort utile, qui a pour but de monter les nombreux
fers d'outils que les fabriques du Nord fournissent en abondance.

Si la parfaite exécution du travail de M. Fauché, sa collection
de montures d'outils d'amateurs et d'outils ordinaires d'ouvriers,
la bonne installation de son atelier, le choix intelligent de ses
bois et l'extension de son industrie, lui ont valu la médaille de
bronze ; M. Lambert doit aussi être signalé comme un excellent
ouvrier, montant très-bien les outils et employant de bons bois.
Établi depuis dix-sept ans, il est parvenu à se faire, bien qu'il
travaille seul, une importante clientelle, et il ne lui sera pas difficile de mériter, à la prochaine Exposition, une distinction spéciale.

M. DUMONT, *tourneur sur cuivre, rue Couturier, n° 4, à
Bordeaux,* a exposé un petit modèle de tour-en-l'air, plusieurs
pièces de repoussé sur le tour, en zinc et en cuivre, et plusieurs
pièces de fourbisserie et de rachevage sur cuivre, qui le recommandent comme ouvrier habile et intelligent.

VI.

ARMES.

Les arquebusiers bordelais reçoivent de Paris, de Saint-
Étienne, de Liége, etc., les pièces de leurs armes. Ils les
ajustent, les repassent, les enchâssent dans le bois, les

polissent, les gravent même et font preuve du meilleur goût comme artistes, d'un véritable talent comme monteurs.

Le Jury, en se montrant plus réservé dans ses récompenses, a voulu leur témoigner de nouveau combien il préférerait, au point de vue industriel et pour attirer à Bordeaux la demande des colonies, une bonne fabrication courante de plusieurs milliers de fusils, à la préparation exceptionnelle et coûteuse de quelques armes de luxe.

M. CHABRY, *arquebusier, fossés du Chapeau-Rouge, n.° 8, à Bordeaux*, a présenté au concours de beaux fusils doubles. Ses platines, ses canons sont finis avec soin ; ses bois sont artistement travaillés et offrent une parfaite régularité de lignes. Il a une atelier très-achalandé, où il occupe quatre ouvriers ; habile ouvrier lui-même, il possède une connaissance approfondie de son art. Le jury lui a décerné le rappel de la médaille d'argent qu'il a obtenue en 1847.

M. BELLIÉ, *arquebusier, allées de Tourny, n° 19, à Bordeaux*, a obtenu aussi le rappel de la médaille d'argent qu'il a reçue en 1847. Ses armes offrent l'heureuse application des procédés les plus nouveaux. Il a pratiqué, dans un de ses fusils, un tracé particulier du canal de la lumière, qui semble favoriser la rapidité de l'inflammation. Le jury désire que des expériences sérieuses déterminent la valeur de cette invention.

M. SERMENSAN, *arquebusier, quai Bourgogne, n° 32, à Bordeaux*, a exposé quatre fusils, qui figurent honorablement à côté de ceux de MM. Chabry et Bellié. Il a deux fils, ses élèves, qui travaillent avec lui. L'un d'eux, déjà signalé en 1847, a fait un fusil monté en ébène, qui le place au rang des plus adroits ouvriers. Le fer des pièces de détail est ouvragé avec goût, le dessin en est pur et élégant, les chiens et la sous-garde méritent une mention particulière. A côté de ce fusil, d'un prix élevé, est un fusil de moindre valeur, dont les chiens, les platines, la glissière, sont faits avec un soin minutieux. Le jury se plait à reconnaître les efforts consciencieux et les progrès de M. Sermensan, et regrette que le nombre limité des récompenses dont il disposait et le peu d'importance industrielle de l'arquebuserie bordelaise l'aient empêché de lui décerner, pour cette fois, une plus haute récompense que la médaille de bronze.

M. GRENIER, *arquebusier, quai des Salinières, n° 16, à Bordeaux*, est un excellent ouvrier, qui n'est établi que depuis 1845. Il avait déjà présenté, à l'Exposition de 1847, des armes exécutées avec goût et solidité; celles qu'il présente cette année réunissent les mêmes qualités. Le jury, en lui décernant une mention honorable, l'invite à se frayer une route, qui ne peut être que lucrative, dans la fabrication des armes bonnes et d'un prix modéré.

VII.

CARACTÈRES, IMPRESSION ET LITHOGRAPHIE.

MM. A. LAPLACE ET Cᵉ, *fondeurs en caractères, rue Gouvion, n° 18, à Bordeaux*, ont envoyé à l'Exposition deux cadres contenant les épreuves des caractères fondus dans leur établissement. Le cadre qui porte le millésime de 1847 a figuré à la précédente Exposition; en le comparant à celui qui est daté de 1850, on peut juger des progrès accomplis dans la netteté des contours, la pureté des lignes et la variété des formes. Avant 1848, MM. Laplace et Cᵉ occupaient soixante-seize ouvriers; ils n'en occupent plus, depuis lors, qu'une vingtaine. Le jury, en leur décernant le rappel de la médaille d'argent qu'ils ont obtenue aux Expositions antérieures, fait des vœux pour que leur fabrication reprenne toute l'importance qu'elle avait il y a trois ans.

MM. FORESTIÉ PÈRE ET FILS, *imprimeurs, à Montauban*, on

adressé à l'Exposition trois ouvrages sortis de leurs presses. Leur exemple devrait être suivi par les imprimeurs de nos contrées, qui persistent à se tenir à l'écart. Comme dans les ouvrages qu'ils ont exposés en 1847, ils ont fait preuve de goût pour l'agencement des caractères et la composition des titres. Ils offrent aux auteurs une collection de vignettes, de cul-de-lampes, etc., qu'on ne trouve d'ordinaire que chez les grands imprimeurs de Paris. Leurs travaux justifient le rappel de la mention honorable qu'ils ont obtenue en 1847.

M. Henry FAYE, *imprimeur et lithographe, rue Sainte-Catherine, n° 139, à Bordeaux*, a soumis au jury un procédé nouveau de relief donné, sans le concours d'une presse à balancier, par une pierre lithographique au lieu d'une matrice en cuivre.

Par le moyen de l'acide nitrique étendu d'eau, et après avoir garanti, par une couche d'un vernis gras, les parties de la pierre qui doivent rester intactes, il obtient, au bout de quelques minutes, un creux de plusieurs millimètres de profondeur, qui fait de la pierre lithographique une matrice susceptible de donner au papier, par un seul coup de presse, un relief illimité dans ses formes et dans son bossage.

L'idée d'obtenir au moyen d'un acide, soit un creux, soit un relief sur la pierre lithographique, n'est pas nouvelle. Les dessinateurs sur pierre s'en servent avec succès pour produire de brillants effets de lumière et de la transparence dans les parties chargées d'ombre. M. Dupont, de Périgueux, à qui la science est redevable du procédé pour reproduire les anciennes impressions, et qui a obtenu de la Société Philomathique les plus hautes récompenses, a inventé les clichés-pierre, c'est-à-dire des reliefs à la manière des graveurs sur bois; mais un examen attentif de ses produits prouve que le relief obtenu par l'acidulation n'avait pas dû avoir l'épaisseur voulue pour l'impression typographique, puisqu'il a eu recours au burin et à l'échoppe pour creuser certaines parties blanches du dessin ou détacher des parties noires en abaissant leur entourage.

M. Henry Faye croit pouvoir assurer que personne avant lui n'avait réussi à appliquer à l'impression du gaufrage, soit en blanc, soit ou en couleur, le creux donné sur une pierre lithographique, sans doute parce que le vernis employé pour garantir les bords du dessin n'était pas de nature à résister aux acidulations répétées que le travail réclame. L'exposant a donc inventé le procédé dont il fait usage; ce procédé offre le double avantage de l'économie et de la variété des produits lithographiques en relief; il trouvera de fréquentes applications, notamment pour l'enseignement des aveugles. Ces considérations ont déterminé le jury à décerner à M. Henry Faye une médaille de bronze.

M. Charles PATROUILLEAU, *graveur-mécanicien, rue des Bouviers, n° 14, à Bordeaux*, a exposé des plaques de cuivre gravées pour gaufrage. Les bons graveurs sont rares en province, et M. Patrouilleau peut rivaliser avec les meilleurs ouvriers de Paris par la hardiesse et la netteté de son burin, aussi bien que par la modération de ses prix. Il a obtenu du jury une mention honorable.

M. Gustave CHARRIOL, *lithographe, rue Pont-de-la-Mousque, n° 14, à Bordeaux*, a exposé deux cadres contenant une variété infinie d'étiquettes de toutes grandeurs, de toutes couleurs, de toutes dispositions, argentées, dorées, bronzées. Il y en a pour tous les goûts et à tous prix; tous les crûs de la Gironde peuvent être ornés d'une étiquette différente. Il y a beaucoup de goût dans le rapprochement des couleurs et dans l'agencement des caractères et des dessins. M. Charriol a des ateliers trèsbien installés; il emploie beaucoup d'ouvriers, et le suffrage du jury, qui lui a décerné une mention honorable, sanctionne le suffrage des consommateurs.

M. Albin IANUSZKIEWITZ, *lithographe, place du Parlement,*

n° 8, à *Bordeaux*, est l'auteur d'un almanach exécuté en neuf coups de presse et produisant quatorze nuances différentes. Cet énorme travail de précision lithographique fait honneur à M. Albin et lui a mérité une mention honorable.

Mme AMIC, *lithographe, rue Castillon, n° 1, à Bordeaux*, a exposé un cadre d'étiquettes variées, qui se recommandent au commerce des vins par des prix raisonnables et une bonne exécution.

Mme PONS-CHEVALIER, *fossés de Chapeau-Rouge. n° 24*, à *Bordeaux*, a exposé une collection, bien exécutée, de vignettes à jour, qui servent dans le commerce des vins à estamper des dessins ou des adresses sur les caisses et les barriques. Ces vignettes s'obtiennent par l'action de l'acide sur des plaques de cuivre très-minces; certains contours se font à la lime douce. Mme Pons-Chevalier mérite d'être avantageusement citée.

M. Auguste TARNAUD, *graveur, à Limoges*, a présenté à l'Exposition trois appareils pour timbre humide, dont il est l'inventeur. Le timbre humide se détériore presque toujours par la crasse et le duvet des tampons de laine et par l'inégalité avec laquelle la couleur est étendue sur ces tampons. On avait souvent assayé de remédier à cet inconvénient. M. Tarnaud y est parvenu, en remplaçant le tampon de laine par un rouleau gélatineux, de la composition des rouleaux d'imprimerie, sur lequel la couleur est étendue par un autre rouleau de bois formant laminoir. Le tampon de M. Tarnaud, ou laminoir typophile, se vend 8 fr., et sera incontestablement adopté, dès qu'on le connaîtra, dans tous les bureaux où l'on se sert de timbre humide. Le tampon manége et la presse à timbre humide ne sont que des variantes du laminoir typophile; la couleur y est étendue par le frottement du rouleau sur un plateau : l'un coûte 40 fr., l'autre 60 fr.; c'est beaucoup, mais c'est moins qu'une presse à timbre sec. Le jury a décerné à M. Tarnaud une mention honorable.

VIII

ÉBÉNISTERIE, MENUISERIE.

L'ébénisterie a pris, depuis quelques années, une grande importance dans l'industrie bordelaise. A chaque Exposition de la Société Philomathique, on a constaté un fort accroissement dans la production et des progrès notables dans l'exécution du travail, le choix des formes et la modération des prix. Nos fabricants ont des relations étendues avec les Mers-du-Sud, où leurs produits sont généralement préférés à ceux qui s'expédiaient exclusivement autrefois de Hambourg et de quelques autres villes du Nord.

Pourquoi les obstacles que signalait le Jury de 1847, à un développement plus considérable de l'industrie des meubles, existent-ils encore? Pourquoi ces droits de douane sur les bois exotiques, l'acajou, le palissandre, l'ébène? Pourquoi surtout ces droits d'octroi? A voir frapper de taxes ridicules, lorsqu'ils vont s'employer dans nos ateliers, les mêmes bois que nous admettons librement en meubles fabriqués à Paris, ne dirait-on pas que Bordeaux a voulu prendre l'inverse du système protecteur pour en faire la piquante carricature?

M. BEAUFILS, *ébéniste et tapissier, à Bordeaux, place Louis-Philippe, n° 11*, a exposé un ameublement complet de chambre à coucher, en palissandre; des bois de chaises. de fauteuils, de causeuses, également en palissandre, et divers petits meubles de marquetterie. Il a déjà obtenu la médaille d'or en 1847. Le jury de 1850 lui a accordé le rappel de cette haute distinction et se plait à reconnaitre que son établissement acquiert chaque jour une plus haute importance. C'est un établissement complet, où cent-vingt ouvriers travaillent journellement à tous les détails de l'industrie compliquée de la fabrication des meubles, depuis le sciage des énormes billes d'acajou qui arrivent d'Amérique jusqu'au découpage minutieux de la marquetterie de boule, et où se fabriquent, sur une aussi grande échelle que dans n'importe quel atelier de Paris, les meubles de toute espèce. Le jury a admiré, dans les meubles exposés, le fini du travail et la sobriété de l'ornementation, qui, sans nuire au confortable et à l'élégance, permettent à M. Beaufils de les livrer à des prix moins élevés qu'on ne le faisait il y a quelques années. Les sculptures sont tracées avec goût, posées avec une aisance toute artistique, évidées avec une sûreté de main qui honore les ouvriers. M. Beaufils peut revendiquer à juste titre l'honneur d'avoir donné à l'industrie des meubles une impulsion dont elle ne paraissait pas susceptible en province. Ses produits concurrencent avec bonheur, dans les villes du Midi et dans les colonies d'Amérique, les produits parisiens. Il a eu, de plus, le mérite de former dans ses ateliers la majeure partie des ouvriers ébénistes de Bordeaux et de provoquer, par son exemple, la création des meilleurs établissements.

M. Romain FABIEN, *ébéniste, rue Porte-Dijeaux, n° 87, à Bordeaux*, a exposé des lits, des armoires à glaces et des commodes en palissandre; une table à manger et six consoles en chêne. Ces meubles, qui sont travaillés avec soin et parfaitement ajustés, présentent un luxe de sculpture et d'ornementation qui n'est pas de très-bon goût. Sans doute, c'est là le goût de quelques consommateurs, et le fabricant est obligé de le satisfaire; mais ce ne sont pas de semblables produits, dont le prix est nécessairement fort élevé, qui peuvent mériter de hautes distinctions. Aussi, tout en rendant justice aux bonnes qualités des meubles de M. Fabien, le jury l'invite à se renfermer dans les limites, beaucoup plus avantageuses, du bon goût et du confortable unis au bon marché, et lui décerne une médaille de bronze.

MM. JOUFFRE et C*, *représentant la Maison des Ébénistes-*

réunis, rue Baubadat, à Bordeaux, ont exposé une console, un tête-à-tête et des chaises en palissandre, ainsi que quelques siéges d'acajou. M. Jouffre est le représentant d'une association d'ouvriers ébénistes, qui fonctionne depuis la 15 décembre 1849. A son origine, la société ne comptait que six associés; elle en compte vingt aujourd'hui. C'est une association sérieuse, dirigée avec intelligence, et dont les statuts, s'ils ne sont pas irréprochables, présentent du moins les conditions principales adoptées dans le but de moraliser l'ouvrier, en l'intéressant au maintien de l'ordre, par les sociétés analogues qui ont reçu des secours de l'État. Il faut encourager les associations qui se présentent avec des conditions de moralité, c'est le seul moyen de résoudre le grave problème qui a soulevé tant d'agitations. Si, malgré le concours qu'on leur aura prêté, les associations succombent, l'expérience aura prouvé que les théories les plus séduisantes ne sont pas toujours réalisables lorsqu'elles se trouvent aux prises avec les passions humaines; si elles réussissent, la société entière profitera de leur succès.

Les produits exposés par les Ouvriers-associés sont très-bien travaillés et cotés à des prix modérés. La console est d'un excellent style et parfaitement sculptée. Le jury espère que la médaille de bronze, qu'il leur a décernée, sera pour eux une puissante recommandation auprès des consommateurs.

M. LABATUT, *ébéniste, rue Baubadat, n° 20, à Bordeaux*, a exposé une armoire, des boîtes et des toilettes en marquetterie. Le jury, en lui rappelant sa mention honorable de 1847, ne peut que lui répéter ce qui lui a été dit alors : Qu'il exécute bien un genre de travail passé de mode et qui a l'inconvénient de revenir fort cher.

M. B^{mi}GAUBERT, *fabricant de billards, à La Réole (Gironde);*
M. CLAUZEL, *fabricant de billards, cours du Jardin-Public, à Bordeaux*, ont exposé: le premier, un billard en bois des îles, avec frise en bois d'ormeau moucheté; le second, un billard en

bois d'acajou, avec blouses conduisant la bille à un quartier commun. Le billard de M. Gaubert est solidement construit et monté avec élégance ; il est coté, avec ses accessoires, 1,000 fr. Celui de M. Clauzel se distingue par un parquet très-soigneusement travaillé et par une simplicité du meilleur goût ; il n'a que l'inconvénient d'être coté 2,000 fr. En décernant à chacun des deux exposants une médaille de bronze, le jury a récompensé : chez M. Gaubert, la bonne fabrication unie à la modération de prix ; chez M. Clauzel, un produit exceptionnel, il est vrai, et très-cher, mais très-bien exécuté et sortant d'un atelier où se fabriquent aussi de bons billards à bon marché.

M. HUGLA, *menuisier, rue des Herbes, n° 38, à Bordeaux*, a exposé un escalier tournant dont les courbes, au lieu d'être débillardées, se composent d'autant de morceaux qu'il y a de marches, et sont réunies par une volige en bois de chêne. Le plafond est formé de linteaux en sapin de 15 millimètres d'épaisseur et de 4 centimètres de tombée, qui, par leur réunion, consolident beaucoup l'escalier. Il suffit qu'il soit retenu à la partie supérieure, pour avoir, sans le secours de ferrements, toute la solidité désirable. Ce système offre 20 p. 100 d'économie sur le prix des escaliers ordinaires.

M. Hugla est le chef de l'un des premiers ateliers de menuiserie de Bordeaux, et occupe journellement, en moyenne, quarante ouvriers. Il a obtenu, en 1847, une mention honorable pour un nouveau système de persiennes ; le jury lui décerne aujourd'hui une médaille de bronze.

M. Ponsian ORMIÈRES, *rue Castillon, n° 4, à Bordeaux*, est l'inventeur de renvois d'eau, en fer, pour portes et fenêtres, dits *siccités*, qu'il a présentés à l'Exposition. Déjà le jury de 1847 a donné de justes éloges à la découverte de M. Ponsian Ormières ; le jury de 1850 ajoute à ces éloges une mention honorable. L'expérience a, en effet, démontré que si son système offre peu d'avantages pour les croisées, il est excellent pour les portes de balcons, et ne peut manquer d'y être bientôt généralement appliqué.

M. Coguen, *menuisier, rue Causserouge, n° 3, à Bordeaux,* a exposé : 1° plusieurs pièces de trait, représentant des modèles d'escaliers de différents genres, à courbes débillardées, qui se distinguent par leur délicate exécution et par la précision avec laquelle a été fait le tracé des épures ; 2° un cadre guilloché, prêt à recevoir la dorure, qui est d'un fini et d'une pureté très-remarquables. Le jury n'a pu apprécier la valeur du procédé à l'aide duquel le guillochis est obtenu, parce que M. Coguen n'a pas cru devoir le lui faire connaître. Une mention honorable a été accordée à M. Coguen.

M. Piffre, *tapissier, cours du Jardin-Public, n° 14, à Bordeaux,* a exposé un sommier élastique, qui diffère des sommiers généralement en usage, en ce que la force des reports en spirale va diminuant graduellement du centre vers les bords et vers les extrémités, et que le sanglage est en fil de fer au lieu d'être en tissus. Ce sommier est bien exécuté et revient à un prix très-modéré ; il a mérité à M. Piffre une mention honorable.

M. Saint-Ubéry, *ébéniste, à Tarbes,* a adressé à l'Exposition un cadre d'échantillons de bois des Pyrénées, préparés pour l'ébénisterie. Il résulte des renseignements très-circonstanciés qui ont été fournis au jury, que M. Saint - Ubéry exerce, sur une échelle importante, l'industrie des meubles dans les Hautes-Pyrénées, qu'il emploie les bois du pays, dont il a envoyé les échantillons, et qu'il a le mérite de chercher à donner au Midi, par leur exploitation, une nouvelle branche d'industrie. La médaille de bronze de la Société Philomathique ne peut que l'encourager à poursuivre son but. Le jury a regretté qu'il n'ait pu expédier à temps le sommier dont il est l'inventeur.

IX.

SERRURERIE ET POÊLERIE.

M. Chaventon fils, *serrurier, rue Neuve*, *n° 13, à Bordeaux*, a exposé une collection de pièces de serrurerie ancienne, exécutées à diverses époques, depuis le XIIIe siècle, par les maîtres serruriers de Bordeaux. Cette collection, fruit de longues recherches, a été restaurée avec une grande intelligence par M. Chaventon. Il y a joint quatre pièces, de très-belle exécution, fabriquées par lui. Le jury lui a décerné une médaille de bronze; et il invite l'administration municipale à acquérir, pour le Musée de la ville, une collection unique dans son genre, qui permet de reconstruire et d'étudier l'histoire de la serrurerie en France.

M. Céroni, *poêlier, rue Porte-Basse, à Bordeaux;*

MM. Hoeffinger frères, *poêliers, Galerie-Bordelaise, n° 21, à Bordeaux*, ont exposé divers intérieurs de cheminées et des appareils calorifères dont le jury a remarqué l'excellente exécution.

M. Céroni est un vétéran des Expositions Philomathiques, et mérite, par les soins qu'il donne à tout ce qui sort de ses ateliers, le rappel de la médaille d'argent qu'il a obtenue en 1847.

MM. Hœflinger ne s'en tiendront certainement pas à la médaille de bronze qui honore leur bienvenue.

M. Castelbou, *mécanicien, à Toulouse*, a adressé à l'Exposition un coffre-fort, en fer massif, forme de secrétaire, avec serrure incrochetable et cache-entrée. Ce remarquable travail de mécanique et de serrurerie, qu'il serait très-difficile de décrire avec précision, tant il est compliqué, a valu à M. Castelbou une médaille de bronze.

M. B. Marès-Vaissier, *fabricant, fossés Bourgogne, n° 52, à Bordeaux*, a mis à l'Exposition : 1° diverses balances très-exactes et bien fabriquées, parmi lesquelles des balances domestiques à système décimal doivent, par leur bon marché, prendre place dans tous les ménages ; 2° deux coffres-forts, dont l'un grand modèle, forme de secrétaire, en fer incombustible et incrochetable, avec clé à double volute, cache-entrée à secret et entrée massive, du prix de 1,000 fr. ; l'autre plus petit, de même forme, à double combinaison, également incrochetable et incombustible, du prix de 450 fr. ; 3° un modèle des bascules à peser le bétail qu'il a construites, sur les plans de M. Devanne, pour l'octroi municipal de Bordeaux. Le système est parfait de simplicité, de solidité et de précision. Ces bascules pèsent au dixième ; et comme la sensibilité atteint et dépasse 5 grammes, il n'y aurait jamais à redouter 50 grammes d'erreur sur des pesées de 2 à 300 kilogrammes, si on avait la précaution, trop négligée, d'enlever la terre, la poussière et les matières grasses qui tombent sur le joints du plateau et, en faussant la pesée, détériorent la machine.

M. Marès-Vaissier, qui a déjà obtenu une médaille de bronze en 1847, justifie, par des progrès importants, l'éminente distinction d'une médaille d'argent.

X.

MARBRES, STUCS ET IMITATIONS.

De tous les établissements de marbrerie de nos contrées, un seul a répondu à l'appel de la Société Philomathique. Bagnères-de-Bigorre n'a rien envoyé, et M. Géruzet n'a pas cru devoir montrer que ses produits sont toujours à la hauteur de leur réputation et dignes des distinctions éminentes dont il a été honoré naguère. Le Jury fait des vœux pour qu'il n'en soit pas ainsi en 1853.

M. Jabouin aîné, *marbrier, place Dauphine, n° 11, à Bordeaux*, a exposé plusieurs cheminées qui ne laissent rien à désirer comme choix des marbres et bonne exécution du travail;

il a exposé, en outre, un autel et deux bénitiers en marbre blanc, destinés à l'église de Sauveterre (Gironde). L'autel et son tabernacle sont du style de la fin du XIIIe siècle. Les lignes sont pures, les ornements bien évidés, et la seule critique à faire s'adresse aux trois statuettes qui auraient pu avoir les qualités naïves de l'époque qu'elles rappellent, sans en adopter les incorrections. M. Jabouin est un industriel très-intelligent, qui aborde franchement les travaux difficiles; il a mérité le rappel de sa médaille d'argent de 1847.

M. Rémon, *plâtrier-stucateur*, *rue Fondaudége*, n° 84, à *Bordeaux*, est parvenu, depuis l'Exposition de 1847, où il obtint une médaille de bronze, a produire avec le stuc des moulures taillées et tournées. C'est un progrès. Dans l'art du plâtrier, les moulures se poussent et ne se taillent pas; si l'on voulait pousser une moulure sur le stuc, le calibre, en passant et repassant, mélangerait les couleurs, tandis que si on parvient à le tailler, on conserve intactes les diverses couleurs qu'on lui a données et on obtient, dans les moulures, une imitation du marbre aussi parfaite que dans les surfaces unies. M. Rémon, qui a exposé des pilastres et balustres en stuc tourné, espère parvenir à excuter de beaux vases pouvant remplacer les vases de marbre dans l'ornementation des appartements. Le jury l'engage à travailler à ce nouveau perfectionnement et lui décerne une médaille d'argent.

M. Chéri Andreucetti, *peintre*, *rue de Gourgues*, n° 33, à *Bordeaux*, a exposé des plaques de bois peintes en imitation de marbre, avec une perfection qui a trompé les yeux les mieux exercés. Il ne copie pas, il travaille d'inspiration et reproduit, avec une vérité saisissante, les riches dispositions de la nature dont il semble avoir surpris le secret. Le jury n'a pas hésité à lui voter une médaille de bronze.

XI.

TISSUS ET CUIRS VERNIS, NATTERIE.

M. Seutin, *fabricant de tapis et de cuirs vernis, chemin du Toudu, n° 83, à Bordeaux*, a exposé de grands tapis de table vernis, ornés de lithographies décalquées par un procédé dont il est l'inventeur, et des tissus vernis pour cordons de sonnettes et pantoufles, décorés de reliefs de velours et de dessins dorés, argentés, bronzés, qu'il ne faut pas trop apprécier au point de vue du goût français, mais à celui de la consommation étrangère, et surtout de l'Espagne, où M. Seutin a une importante succursale de son établissement. Les dessins lithographiques ne sont pas très-bien venus. Les tapis vernis sont de très-bonne qualité et résistent autant qu'on peut le désirer au frottement et même au pliage.

M. Seutin a exposé, en outre, des cuirs vernis pour voitures et des veaux vernis pour chaussures, qui peuvent rivaliser avec les produits des meilleures fabriques connues. Les expériences faites par le jury lui permettent de les recommander sans restriction à la confiance des consommateurs.

La manufacture de M. Seutin est installée avec beaucoup de soin et d'intelligence; le jury a éprouvé une très-grande satisfaction à la visiter; et en décernant une médaille d'argent à cet honorable industriel, il a voulu que l'expression de toute sa sympathie pour lui fut consignée dans ce rapport.

M. Chaigneau, *fabricant de tapis vernis, chemin de St-Genès, à Bordeaux*, a exposé des tapis de pieds pour appartements, passages, voitures, etc., d'une bonne et solide fabrication. Le jury a visité son établissement et n'y a trouvé ni le mouvement, ni l'organisation qu'il s'attendait à rencontrer dans une fabrique qui compte vingt années d'existence et dont les produits sont d'une consommation aussi usuelle. Il eût, sans cela, voté plus qu'une mention honorable à M. Chaigneau.

M. **Lambert**, *fabricant de nattes, rue Saint-Martin, n° 1 ;*

M. **Duclos**, *fabricant de nattes, rue Sainte-Catherine, à Bordeaux*, ont exposé de nombreux produits de natterie.

Chacun de deux exposants se présente comme le créateur ou l'importateur de leur industrie commune. Il est difficile de savoir au juste lequel des deux est le plus fondé dans cette prétention. Ce qu'il y a de certain, c'est que le premier était ouvrier chez le second à l'époque de la précédente Exposition, et que depuis qu'il est établi pour son compte, il ne vend que les produits de sa fabrication, tandis que M. Duclos, indépendamment de ses produits, vend beaucoup de produits étrangers similaires et divers tissus, qui peuvent bien être sa propriété, comme disposition de dessins ou comme procédé de fabrication, mais qui n'ont pas été fabriqués à Bordeaux. Les nattes de M. Lambert sont plus solides et de meilleur goût. Les produits de M. Duclos sont plus variés et son établissement est très-important. Le jury, appréciant les mérites divers de ces deux industriels, leur a décerné à chacun une médaille de bronze.

XII.

ARTS CÉRAMIQUES.

MM. **Virebent frères**, *fabricants de grès céramiques pour ornementation et statuaire, à Toulouse*, ont exposé deux sujets religieux de grande dimension et divers ornements tels que consoles, corniches, pilastres, balustres, etc. Le titre de grès céramiques, qu'ils donnent à leurs produits, est un peu ambitieux. Leur pâte est commune et d'un blanc sale, un peu moins lâche, plus dense et plus sonore peut-être que le grès ; mais elle n'a ni l'homogénéité, ni la finesse, ni la densité du grès, ni la composition précieuse qui permet à celui-ci d'atteindre une imperméabilité presqu'absolue et de cuire à une température excessivement élevée. Ce sont des terres *cuites* qui rentrent dans ce qu'on appelle la *plastique*, confondant ainsi à tort l'art et le produit matériel. Cet art de faire, en terre cuite, des vases, des ornements, des statues mêmes, était beaucoup plus répandu dans l'antiquité que de nos jours; MM. Virebent travaillent avec succès à le remettre en honneur. Leurs produits sont bons et recherchés, et leur industrie a pris un grand développement dans le midi de la France. A la plastique, proprement dite, ils ajoutent la fabrication plus usuelle des tuiles, des carreaux pour bâtisses et des ornements de toute espèce, façonnés au moule, dans les dimensions qu'on leur indique. Les avantages de ces ornements, au point de vue du bon effet qu'ils produisent à l'œil, de la solidité, de l'imperméabilité, de la durée et du prix de revient, ont été constatés plusieurs fois par des commissions spéciales, dont les éloges ont toujours été sans restriction. Ils concourent à l'élégance des plus belles constructions de Toulouse. Aussi aux Expositions de Paris, de Toulouse, de Montpellier, MM. Virebent ont obtenu diverses médailles; et la Société Philomathique est heureuse de leur accorder le rappel de la médaille d'argent qu'elle leur a décernée en 1847.

M. RAYMOND, *fabricant de poteries communes, rue des Sablières, n° 32, à Bordeaux*, a mis à l'Exposition des produits communs, de véritables poteries populaires. Des cafetières, des soupières, des pots à l'eau et des pots à feu couverts d'un vernis plombifère rouge, noir ou brun, tel est le courant de sa fabrication, et, s'il a exposé quelques pièces plus délicates, plus fines de pâte, mieux travaillées, c'est seulement comme spécimen de ce qu'il pourrait faire si la commande venait. Cette poterie se retrouve à toutes les époques et chez tous les peuples avec des procédés de fabrication presque identiques. C'est la seule qu'aient connue les anciens, c'est la seule que connaissent encore, à l'exception de la Chine, du Japon et peut-être de la Perse, les peuples indigènes de l'Asie, de l'Afrique et des deux Amériques.

La poterie de M. Raymond présente, à un assez haut degré, les seuls avantages qu'on puisse lui demander; elle va bien au

feu, elle est assez dure et pas trop lourde de formes, le prix en
est très-modéré. Le jury a décerné à M. Raymond une mention
honorable.

MM. DUBOURDIEU FRÈRES, *fabricants de faïences communes,
à Thiviers (Dordogne)*, ont obtenu une mention honorable à
l'Exposition de 1847 ; une médaille de bronze leur est décernée
par le jury de 1850. Leur fabrication comprend cette faïence commune, connue, au IX° siècle, des Arabes, qui l'avaient reçue peut-
être de la Perse ou du Japon, introduite vers 1400 en Espagne
et en Italie, et portée dès l'année 1540, sous le nom de
majolica, à un haut degré de perfection, grâce au concours
des plus éminents artistes et aux encouragements des ducs de
Toscane. Bernard de Palissy y attacha, tout près de nous, à
Saintes, son nom immortel, et si cette faïence n'est pas toute
française d'origine, elle a au moins de nobles lettres de natura-
lisation ; aussi, c'est en France qu'elle est le plus répandue.

Les faïences de MM. Dubourdieu laissent sans doute
beaucoup à désirer ; les formes sont souvent lourdes et épaisses.
et l'émail, le blanc surtout, est terne et mal glacé ; mais il y a
des émaux bruns bien venus, et les impressions au cobalt sont
très-nettes. Excepté pour les assiettes peintes et à filets, qui sont
cotées aussi cher que la faïence fine, les prix sont avantageux.

MM. VIEILLARD et C°, *directeurs de manufacture de faïences
fines D. Johnston, quai de Bacalan, à Bordeaux*, ont mis à
l'Exposition : 1° des échantillons variés de faïences fines, unies
et décorées ; 2° des échantillons de porcelaine dure ; 3° des
briques réfractaires ; 4° du coke. C'est la réunion, dans un même
établissement, de quatre fabrications distinctes et indépendantes,
quoique subordonnées les unes aux autres et se prêtant un
mutuel concours.

La première destination de la manufacture de Bacalan, celle
qui est restée la principale jusqu'à ce jour, est la fabrication des
faïences fines. dites anglaises, à pâte opaque, fine, homogène.

assez dure, sonore, recouverte d'un vernis plombifère, susceptible des plus belles formes et de tous les genres de décoration. Cette poterie, dont on trouve à peine quelques exemples dans l'antiquité, en Perse et en Chine, a été à peu près créée, vers le milieu du XVIIIe siècle, par l'un de plus grands génies industriels de l'Angleterre, Wedgwood, et portée par lui à un degré de perfection qu'elle n'a pas encore dépassé. Les produits de MM. Vieillard et Ce ont toutes les qualités du genre ; on peut même dire que pour la solidité du vernis, pour la netteté des impressions et la vivacité des nuances de décoration, ils l'emportent sur les plus beaux produits anglais. Le jury de 1850 ne peut qu'ajouter aux éloges des jurys qui ont présidé aux Expositions antérieures.

M. Vieillard n'a exposé que cinq ou six petits pots de porcelaine dure transparente, échantillons très-remarquables comme essai fait dans les mauvaises conditions d'une installation inachevée. Depuis la clôture de l'Exposition, une fournée importante a parfaitement réussi et a pleinement justifié les espérances qu'une visite détaillée de la manufacture de Bacalan avait fait concevoir au jury. A la prochaine Exposition, la porcelaine dure étalera la transparence de sa pâte et la variété de ses formes à côté de la faïence fine, et obtiendra le même succès, si surtout, comme il en a l'intention, M. Vieillard s'attache à la fabrication, à bon marché, des produits d'une consommation courante.

La fabrication des briques et carreaux réfractaires a une extrême importance partout; mais principalement dans le voisinage des grands centres de population, où les besoins de l'industrie nécessitent l'emploi de fourneaux à une très-haute température. La pâte n'a besoin d'être ni homogène, ni fine; mais elle doit avoir indispensablement la qualité de supporter la plus haute température sans fondre, sans fuser et sans subir de retrait. La première qualité dépend de la composition de la pâte cuite, et la seconde de la température même à laquelle la cuisson s'est faite, et qui a dû être assez haute pour faire disparaître toute l'eau combinée à l'état d'hydrate. Il suit de là que les caractères d'une bonne brique réfractaire ne peuvent être reconnus d'une manière complètement certaine, que par l'usage ou par l'essai à la température de fours les plus violents des usines à fer, des verreries ou des fours à porcelaine. Les briques de M. Vieillard sont employées pour les fours où il transforme la houille en coke et pour les fours à faïences dans lesquels le jury a constaté qu'elles ressortent parfaitement et qu'elles ne présentent ni fusion, ni vitrification, ni écornement, ni retrait.

Une machine à vapeur, de trente à quarante chevaux de force, donne le mouvement aux moulins qui triturent les matières premières ; le combustible qui sert à engendrer la vapeur est la houille ; au lieu de la brûler à l'air, ce qui la détruit, M. Vieillard la fait brûler dans des fours clos, et obtient ainsi ce mélange compacte et agglutiné, qu'on nomme *coke* en Angleterre et qu'on préféré à la houille, car c'est du charbon pur, mêlé seulement de quelques centièmes de résidus terreux. Les établissements qui font usage du coke de M. Vieillard en sont très-satisfaits et lui reconnaissent un avantage de 15 à 20 p. 100 sur celui qu'ils employaient auparavant.

En résumé, la grande fabrique de Bacalan mérite tout l'intérêt et tous les encouragements de ceux qui tiennent à la gloire et à la prospérité de notre industrie. L'administration en est dirigée avec intelligence et sagacité ; et les efforts d'une activité aussi éclairée qu'elle est opiniâtre, ont déjà produits des améliorations telles, qu'il n'y a peut-être pas en France un établissement du même genre, aussi important et aussi complet. En rappelant la médaille d'or, qu'elle a décernée en 1844, pour les faïences fines, la Société Philomathique souhaite que les résultats de la nouvelle fabrication des porcelaines dures la mettent à même de décerner, en 1853, de nouvelles distinctions à Messieurs Vieillard et Cᵉ.

MM. Schaeffer et Boisset, *fabricants de grès et porcelaines à feu, à Gradignan (Gironde).* Il y a quatre ans, s'éleva, dans la commune de Gradignan, sur les ruines d'un simple four à terre cuite, une fabrique de poteries en grès, encore mal définie, qui obtint l'approbation du jury de 1847.

Les argiles brutes du pays, délayées et mêlées à peu de frais à un sable quartzeux des landes, donnent une bonne pâte de grès commun. En y ajoutant un peu de kaolin tiré de Bayonne, de Limoges ou de la Haute-Garonne, on a une pâte grenue d'une couleur brun-rougeâtre, qui cuit à une très-haute température, devient mi-transparente, dure, sonore, imperméable, supporte bien le feu et jouit, en un mot, de la plupart des qualités de cette belle pâte de Meissen, qui fit ce *vieux saxe* regardé si longtemps comme de la vraie porcelaine dure.

La main-d'œuvre, avec la pâte de Gradignan, est aussi facile qu'on peut le désirer; la cuisson peut se faire, avec des précautions différentes, à la houille ou au bois. Les produits, quoique obtenus jusqu'ici par des procédés tout-à-fait incertains, sont cependant remarquables, à plus d'un titre, et peuvent se vendre à des prix qui leur assureront un placement abondant. La nature a donc fait beaucoup pour MM. Schaëffer et Boisset; mais il leur reste à faire tout ce qui, en chaque chose, est l'œuvre de l'intelligence et de l'activité humaine. Ce n'est pas en s'isolant et en s'enveloppant de mystères qu'ils y parviendront. Puisse la médaille de bronze, que leur décerne le jury, exciter leur émulation.

MM. Fouque, Arnoux et Cⁱᵉ, *fabricants de porcelaines dures décorées et de faïences fines, à Toulouse,* ont introduit, il y a une quarantaine d'années, dans le Midi, la fabrication de la porcelaine dure et de la faïence fine; ils tiraient de Saint-Gaudens d'excellents kaolins, et leur fabrique était parvenue à un très-grand développement. Elle occupait plus de quatre cents ouvriers; et une grande partie des faïences fines, des porcelaines courantes ou décorées, qui alimentaient le commerce du midi de la France, sortaient de ses ateliers. Elle expédiait dans le Levant, dans toutes les colonies, en Angleterre; Paris même et Limoges trouvaient en elle une concurrence très-redoutable et très-active.

C'était surtout de la porcelaine décorée, d'une rare beauté, à grand feu, à fond de cobalt, brun, ventre de biche, blanc de crème, avec dessins de fantaisie. De nombreuses récompenses honorifiques avaient signalé le mérite incontesté de ces honorables artistes; et le jury de 1847 leur avait accordé une médaille d'argent. La crise de ces dernières années a frappé leur établissement; puisse le rappel qui leur est décerné, les aider à lui restituer son importance et son activité.

M. **BRIOLS-ANGELY DE FONCLARE**, à *Rottersack (Dordogne)*, a exposé des briques et des carreaux réfractaires, sur lesquels il y aurait à dire ce qui a été dit des briques réfractaires de M. Vieillard. Jusqu'ici les meilleures briques réfractaires venaient de l'Angleterre, et le prix très-élevé de revient en limitait l'usage. En 1847, M. de Fonclare a trouvé, sur les limites de notre département, dans la Dordogne, une terre blanche, maigre, d'un grain assez fin, avec laquelle il fabrique les produits qu'il a exposés. Les certificats de trois maîtres de verreries et d'un maître de forges ont mis le jury à même de se prononcer avec parfaite connaissance sur leur mérite et de constater le prix très-réduit auquel ils sont livrés. En lui décernant une médaille de bronze, la Société Philomathique récompense M. de Fonclare d'avoir mis en relief une nouvelle et précieuse richesse industrielle de nos contrées.

M. **LESPINASSE JEUNE**, *fabricant de verreries à Gradignan (Gironde), dépôt rue Sainte-Colombe, n° 26, à Bordeaux*, a obtenu une médaille de bronze en 1847. Il a exposé cette année un assortiment de verres et de gobelets de toutes formes, fabriqués en première fusion avec des sables du département. La verrerie en première fusion offre des difficultés devant lesquelles plusieurs industriels ont échoué dans nos contrées. M. Lespinasse semble devoir être plus heureux, puisque son établissement compte déjà plusieurs années d'existences. Doué de persévérance, expérimenté dans sa profession, secondé par ses trois fils , il est plus à même que personne de réussir. Ses produits pèchent sous le rapport de l'élégance ; les formes sont irrégulières et souvent écrasées, mais son verre est assez pur. Ses prix étant analogues à ceux des fabriques du Nord , il peut compter qu'au débouché de la consommation locale s'ajoutera une exportation considérable, dès qu'il obtiendra plus d'élégance et de régularité, peut-être aussi un peu plus de solidité. Le jury, constatant les progrès accomplis depuis 1847, et le mérite qu'il y a déjà d'avoir soutenu jusqu'à ce jour une fabrique aussi difficile dans ses commencements, que celle du verre en première fusion , accorde à M. Lespinasse le rappel de sa médaille de bronze.

M. J. B. ISSARTIER , *fabricant de verreries, route d'Espagne, n° 45, à Bordeaux,* n'emploie, pour sa fabrication , que du verre cassé. Il ne fabrique, en général, que de la verrerie pour liquides et conserves , c'est-à-dire des bouteilles, des flacons , des paubans , etc., et il fournit à une grande partie des exportations que fait le commerce bordelais d'huiles, de liqueurs , de prunes, de fruits conservés, d'encre, de parfumeries. Sa fabrique est bien et simplement installée , et l'opinion unanime des consommateurs est favorable à ses produits, qu'il faut uniquement considérer au point de vue de leur destination et de leur prix , et non à celui d'une perfection dans le verre et d'une régularité de formes que leur destination ne commande pas et que leur prix ne permettrait pas d'obtenir. Citer , parmi les clients de M. Issartier, MM. Rœdel, Teyssonneau et Fau, c'est dire que ses produits ne laissent rien à désirer. Le jury lui a décerné une médaille de bronze.

M. BÉGUÉ , *directeur de la verrerie du Lardin (Dordogne),* a adressé à l'Exposition de nombreux échantillons de bouteilles à vin, qui, par le fait d'un mal entendu, n'ont été déballées que les derniers jours. Le jury les a cependant examinées et a constaté qu'elles sont d'une bonne fabrication. Un peu plus de régularité dans l'intérieur du goulcau est peut-être à désirer. En décernant une médaille de bronze à M. Bégué, le jury a voulu lui témoigner combien il apprécie l'ardeur qu'il met à développer une industrie aussi importante pour nos contrées vinicoles que celle de la fabrication des bouteilles. Bordeaux est encore tributaire de Lyon pour les deux tiers au moins de sa consommation, et si nos fabricants n'ont pas eu, comme M. Bégué, l'heureuse idée de faire connaître et examiner leurs produits, c'est peut-être qu'ils ne travaillent pas autant qu'ils le devraient à changer cet état des choses.

XIII.

PRODUITS CHIMIQUES.

M. MALRIEU, *fabricant de chandelles, rue Pomme-d'Or. n° 11. à Bordeaux*, a présenté à l'Exposition de la chandelle blanche comme de la bougie, parfaitement inodore, peu sujette à couler, se mouchant rarement et brûlant pendant onze heures. Il la livre au prix de la bonne chandelle ordinaire. Ce résultat est obtenu au moyen d'un procédé dont il est l'inventeur et pour lequel il a pris un brevet. Le jury a décerné à M. Malrieu une médaille de bronze; il a constaté un progrès tellement notable et un avantage si grand pour les consommateurs, qu'il n'eût pas hésité à lui accorder une plus haute récompense, s'il n'avait cru devoir attendre que son usine soit en pleine activité. Elle est installée depuis très-peu de temps; elle a une machine à vapeur pour la fonte des suifs, et occupe de cinquante à soixante ouvriers, qui peuvent fabriquer de 80 à 100 quintaux de chandelle par jour.

MM. SALIÈRES FRÈRES, *rue Bouquière, n° 44;*
M. MALLET AÎNÉ, *rue Fondaudège, n° 183;*
M. Romain MALLET, *cours du Jardin-Public, n° 122.*

M. Guérin, *route de Bayonne, n° 120, fabricants à Bordeaux*, ont exposé des bougies stéariques.

Les produits *exposés*, de ces quatre fabricants, sont recommandables par leur pureté et leur blancheur. L'intensité de la lumière est dans les conditions de toutes les autres bougies; les différences, entre les quatre produits, sont peu sensibles et sont d'ailleurs en rapport direct avec la durée de la combustion. A raison de 2 fr. 60 c. par kil., valeur accusée par les exposants, le prix semblait fort raisonnable; mais il résulte d'achats faits dans les magasins de chacun d'eux que leur prix de vente au détail est plus élevé.

D'ailleurs les bougies achetées chez eux sont loin de valoir, par la pureté et la blancheur, celles qui ont été exposées; leur durée est moindre, les mèches charbonnent davantage, la différence de lumière est peu sensible.

En somme, il a été préparé pour l'Exposition des produits supérieurs à des prix convenablement réduits, et les produits courants valent moins, tout en coûtant plus. Dans de semblables conditions, il n'a pas semblé au jury qu'il y eût de récompenses à accorder.

M. Renaud, *fabricant de vernis, rue Dauphine et chemin de Lescure, n° 1, à Bordeaux*, a exposé de nombreux échantillons de vernis. Cet habile fabricant a su lutter avec autant de persévérance que d'avantage contre la concurrence parisienne, aussi est-il aujourd'hui en possession exclusive de la clientelle de Bordeaux et du département de la Gironde; grâce à la pureté de ses produits, à leur bonne préparation et à la modération de ses prix, son usine prend tous les jours une nouvelle extension. Il n'a rien négligé pour éviter les chances d'incendie qui menacent incessamment les établissements de ce genre. La fabrication de l'*hydrogène liquide*, alcool térébenthiné, a trouvé en lui un habile interprète. Si l'éclairage à l'alcool térébenthiné parvient un jour à se faire adopter parmi nous (quand les droits excessifs qui frappent l'alcool et les liquides spiritueux seront

amoindris dans une juste proportion), il aura le mérite d'avoir
su conserver et perfectionner cette industrie.

A la dernière Exposition, la Société Philomathique décerna à
M. Renaud le rappel d'un médaille de bronze obtenue précé-
demment; l'extension croissante de son usine et son importance
actuelle lui font accorder une médaille d'argent.

M. MALAPERT, *pharmacien*, *à Poitiers*, a exposé du sulfate
de magnésie, des médaillons en sulfate de magnésie, exécutés
par un procédé dont il est l'inventeur, et du sulfate de soude
lamelleux; ce dernier sel est destiné à faire des mélanges
frigorifiques. D'après l'auteur, il fondrait plus promptement que
le sulfate de soude ordinaire, et produirait un abaissement plus
subit de température. Mais si au lieu de sulfate ordinaire on
prend du sulfate effleuri, le froid est beaucoup plus intense. Le
sulfate de soude lamelleux de M. Malapert est donc une nouvelle
forme, mais, comparé à celui qui a été effleuri, il n'offre pas un
notable avantage.

Le sulfate de magnésie est très-beau, très-bien cristalisé,
très-blanc, ne contient pas de fer et ne le cède en rien au sel
d'Epsom anglais. Le jury a regretté de ne pas connaître le prix
auquel M. Malapert peut livrer ce produit.

M. MAYER-CERF, *cours d'Albret*, *n° 103*, *à Bordeaux*, est
l'inventeur d'un cirage imperméable pour la chaussure et les
harnais. L'exposant se présente en s'appuyant de certificats de
personnes fort compétentes et dont le caractère public ou privé
peut faire autorité. Sa préparation, à base de caoutchouc, donne
des résultats d'autant plus satisfaisants, que le cuir sur lequel on
l'applique est plus imprégné de graisse. Il offre donc la solution
au problème d'obtenir un noir brillant et approchant du vernis
sur un cuir gras. Il est possible ainsi, lorsqu'un harnais a été
bien disposé, de le laver à diverses reprises pour le nettoyer, et
cela sans lui ôter son brillant et sans que l'eau arrive jusqu'au
cuir, préservé par la graisse et le cirage qui le recouvre. Une

bouteille, du prix de **2 fr. 50 c.**, paraît devoir suffire pour entretenir un harnais pendant trois mois; dans ces conditions, la dépense n'excéderait guère celle qu'occasionne l'emploi du cirage ordinaire. D'après ces diverses considérations, le jury a décerné à **M. Mayer** une médaille de bronze.

M. Carré, *pharmacien*, *à Bergerac (Dordogne)*, a adressé à l'Exposition: 1° de nouveaux pains à cacheter, dits *carréotypes*, qui reçoivent assez bien l'empreinte d'un cachet sur la feuille de papier métallique de plomb, d'or ou d'argent dont ils sont recouverts; 2° un moule à pilules qui, sans pouvoir suppléer absolument la fabrication manuelle, peut servir lorsqu'on a besoin de fabriquer promptement des quantités importantes; 3° des échantillons d'huiles décolorées par le contact de la lumière, dont il n'y a rien de favorable à dire; 4° du papier-filtre où sont indiquées les divisions pour le pliage et dont la pâte a été composée d'après ses indications. Ce papier, qui est breveté, est excellent, de l'avis des nombreux pharmaciens qui l'emploient, et justifie, à lui seul, le rappel accordé à **M. Carré** de la médaille de bronze qu'il obtint en **1844**.

M. Olivier, *fabricant de bitume, de peintures bitumineuses et de noir de fumée, quai de Paludate*, n° **131**, *à Bordeaux*, a exposé divers échantillons des produits de sa fabrique, parmi lesquels le jury a spécialement remarqué du noir de fumée d'une grande légèreté, qu'il vend aux prix très-modérés de **60, 80** et **100 fr.** les **100** kilogrammes, suivant la qualité. L'usine de **M. Olivier** est bien installée; il la dirige avec beaucoup d'intelligence. La médaille de bronze qui lui est décernée, sera pour lui une puissante recommandation.

Un de ses ouvriers, **M. Cousinet**, a exposé une mosaïque en perles, sur bitume, œuvre de patience et de goût, qui eût figuré convenablement parmi les produits des beaux-arts. et a mérité le suffrage des visiteurs.

MM. O. DALBUSSET et C⁰, *négociants, à Bordeaux*, ont soumis à l'examen du jury des bois préparés par le procédé de MM. Margerie, Terrier et Knab, procédé dont ils sont concessionnaires pour le département de la Gironde.

Le jury, admettant le résultat des expériences faites par la Chambre de Commerce de Bordeaux et par des commissions spéciales, appelle l'attention publique sur cet utile procédé de conservation des bois, dont l'application est très-importante pour les échalas destinés à la vigne, et aussi pour rendre propre à la construction des planchers le bois de pin de nos contrées. Tout en rendant justice au zèle que mettent MM. Dalbusset à répandre une découverte aussi utile, la Société Philomathique ne peut, d'après les termes du réglement des Expositions, leur accorder une récompense spéciale.

M. GUIRAUT, *fabricant de cendres gravelées, à Bordeaux;*

M. ROUSSEL-LEPRÉ, *fabricant de cendres gravelées, à La Tresne (Gironde);*

M. VIGNES FILS, *fabricant de cendres gravelées, à Loupiac (Gironde)*, ont exposé des échantillons de leurs produits.

La fabrique de cendres gravelées de M. Guiraut, à Bordeaux, est fondée depuis plus de quarante-cinq ans et ses produits jouissent d'une excellente réputation. Les échantillons qui ont été envoyés à l'Exposition sont de très-bonne qualité. M. Guiraut a obtenu en 1847 une mention honorable; cette année, Membre du jury, il ne peut recevoir que des éloges.

M. Roussel-Lepré, de La Tresne, a envoyé à l'Exposition un très-bel échantillon de cendre gravelée. Il est à regretter qu'il n'y ait pas joint quelques documents, pour mettre le jury en mesure d'apprécier l'importance de son établissement.

La fabrique de M. Vignes fils, établie depuis longtemps à Loupiac, livre au commerce de bonnes cendres gravelées. Ses produits ont été remarqués à la dernière Exposition. Cette année, l'échantillon qui a été envoyé laisse à désirer. Il y a des morceaux qui sont noirs à l'intérieur et qui, évidemment,

ont subi une calcination incomplète. M. Vignes, qui faisait de
de très-bons produits, prendra une autre fois sa revanche.

M. Fourcade, *teinturier-dégraisseur, place Rohan, n° 4, à
Bordeaux*, a appelé l'attention du jury sur ses procédés de
nettoyage des étoffes les plus délicates. Il ne se borne pas à
enlever une tache, il plonge une robe de soie ou de velours dans
un bain de chlore et, après lui avoir rendu la vivacité de ses
couleurs, lui donne, au moyen d'une préparation de son invention,
le brillant et l'apprêt des étoffes neuves. La sûreté et la hardiesse
de ses procédés lui ont valu une mention honorable.

M. Roux, *rue Saint-Thomas, à Bordeaux*, a présenté à
l'examen du jury de l'eau à détacher et du vernis pour
meubles. Ces produits remplissent parfaitement le but qu'il se
propose. Les essences destinées à détacher les étoffes de laine et
de soie enlèvent instantanément, sans altérer le tissu ni les
couleurs, les taches de graisse les plus anciennes. Le procédé
d'application est simple et usuel. Le vernis pour l'entretien et la
conservation des meubles a paru également bon. Les prix de ces
divers articles sont extrêmement modérés. Cet industriel a mérité
une mention honorable.

XIV.

SUBSTANCES ALIMENTAIRES.

MM. Cabannes et Rambié, *fabricants de farines et gruaux,
quai Bourgogne, n° 58, et quai de Paludate, à Bordeaux*,
ont soumis à l'examen du jury des échantillons de farines, des
échantillons de gruaux et un système pour accélérer la monture,
inventé par M. Cabannes.

Les farines et les gruaux qui figuraient à l'Exposition ne
laissaient rien à désirer sous le rapport de la bonne fabrication
et de la qualité ; le jury a constaté, par une minutieuse enquête

et en comparant les produits qui ont été moulus en sa présence
avec les produits exposés, que ceux-ci étaient bien la fabrication
courante de MM. Cabannes et Rambié. Les farines *cô* suppor-
tent toute espèce de comparaison avec les farines les plus supérieures, y compris celles des premières fabriques, dites de Nérac.

Les gruaux sont un produit nouveau dans le Midi et pour lequel notre ville était tributaire du Nord. Le seul boulanger qui en
employât pour faire ces délicieux petits pains de luxe, dont la
consommation est si grande à Paris, les payait 12 et 15 fr. de
plus par quintal que le cours ordinaire des farines ; désormais tous
les boulangers pourront s'en procurer chez MM. Cabannes et
Rambié, à 5 fr. au-dessus du cours de la farine.

L'accélérateur-Cabannes est un ventilateur dont l'effet est de
dégager la boulange de dessous la meule au fur et à mesure
de l'écrasement du grain. Il consiste en une boîte cylindrique,
de fonte, ayant 40 centimètres de diamètre et 30 centimètres
de longueur, et composée de deux parties, dont la partie infé-
rieure, portant l'arbre avec ses ailes et ses rouleaux, se visse au
plancher, et dont la partie supérieure, portant la caisse applatie
dans laquelle se réunit le vent, est reliée au centre de la meule
sur laquelle on veut opérer. L'accélérateur reçoit son mouvement
du moteur général de la machine, et ses ailes ont une vitesse
décuple de celles des meules. Il a été essayé, en 1846, au moulin
du quai Billy, sous la surveillance d'une commission nommée
par le Ministre de la guerre ; il l'avait été, en 1845, au moulin à
vapeur de l'hospice Saint-André ; il a pour lui une expérience
de trois années à l'Usine à Coke et au Moulin de Sainte-Croix.
Les expériences faites par le jury, et renouvelées ensuite à deux
reprises devant une commission désignée par lui, ont pleinement
confirmé les résultats annoncés par MM. Cabannes et Rambié,
et établi d'une manière irrécusable : que la meule avec accélérateur employait exactement le double de force que cette même
meule travaillant librement, mais qu'elle faisait, dans le même
temps, trois et demi à quatre fois autant de farine-rame : que
cette farine ne différait en rien de la farine préparée dans les

conditions ordinaires; enfin, qu'avec la même force de vingt chevaux, le moulin de MM. Cabannes et Rambié pouvait, à l'aide de l'accélérateur, moudre cinq sacs de farine-rame à l'heure, tandis que, sans accélérateur, il n'en fait habituellement que trois sacs et un tiers.

Les meules employées par MM. Cabannes et Rambié sont faites dans le système anglais et reçoivent un rayonnement perfectionné, à l'aide de marteaux plats, durs et tranchants, qu'ils font confectionner dans leur usine avec de bon acier fondu. Ils ont fait de fortes expéditions de ces marteaux pour les Mers-du-Sud, où ils commencent à être très-appréciés, parce qu'ils ne s'ébrèchent pas et n'ont pas besoin d'être repassés à la forge, mais seulement à la meule à aiguiser.

L'usine de Paludate, l'un des trois moulins à vapeur que nous ayons à Bordeaux, est parfaitement installée. Les procédés de fabrication sont absolument les mêmes que ceux employés dans le nord de la France; ils donnent le genre de mouture qui est recherché par l'Angleterre et vont mettre notre ville en position d'y faire aussi des expéditions de farines. Ce service ne sera pas le premier que M. Cabannes aura rendu à notre commerce des farines; car déjà, vers 1837, il a introduit à Bordeaux le système d'étuvage, qui a rendu nos farines propres aux expéditions d'outre-mer, et qui s'est propagé dans toutes les minoteries de nos contrées.

En décernant à MM. Cabannes et Rambié la récompense éminente d'une médaille d'argent grand module, la Société Philomathique adresse l'expression de sa vive sympathie à ces honorables industriels, et fait des vœux pour le succès de leur établissement.

M. Trénis, *fabricant de biscuits pour la marine, rue Fondaudége, à Bordeaux*, vient de fonder depuis un mois et demi un établissement pour la fabrication des biscuits de bord. Une machine à vapeur met en mouvement un pétrin mécanique, deux rouleaux apprêteurs et un emporte-pièce. Le pétrin méca-

nique est bien installé et pourra réaliser peut-être le grand
problème du pétrissage mécanique pour la boulangerie. M. Trénis
a calqué son installation sur celle du domaine d'Eu, où une
manutention de biscuits fournissait à une partie de la flotte.
Deux fours sont destinés à cuire le biscuit à une température de
40 dégrés environ. M. Trénis mérite d'être encouragé, mais
son établissement est trop récent pour que le jury ait pu lui
accorder une récompense spéciale; ce sera pour la prochaine
Exposition.

M. LEBÉFAUDE NEVEU, *raffineur, rue Sainte-Croix, à Bordeaux*, a exposé des échantillons des divers produits de son
usine. Le jury s'est assuré, par une visite détaillée de cet
établissement, que les très-beaux échantillons exposés ne sont
pas des produits exceptionnels, uniquement fabriqués en vue
d'une exhibition publique, mais des produits de fabrication
courante et tels que M. Lebéfaude les livre journellement au
commerce et à la consommation. Sa raffinerie est installée
d'après le nouveau système et chauffée par deux générateurs de
la force de soixante-quinze chevaux. Le jury en a remarqué la
bonne organisation et a vu fonctionner avec intérêt un appareil
à dégraisser les formes, dont il est l'inventeur. C'est un jet de
vapeur, lancé dans la forme, qui en détache les débris de sucre
et de mélasse d'une manière rapide et complète. La Société
Philomathique remercie M. Lebéfaude d'avoir le premier compris
qu'il importait de faire figurer aux Expositions bordelaises les
produits de l'industrie, qui est, après celle du vin, la plus importante de nos contrées, et lui décerne une médaille de bronze.

MM. RODEL ET FILS FRÈRES, *rue du Jardin-Public*, n° 57;
M. TEYSSONNEAU JEUNE, *rue du Pas-Saint-Georges*, n° 152;
M. FAU, *quai des Chartrons*, n° 22, fabricants de conserves
alimentaires, ont placé à l'Exposition de nombreux échantillons
de conserves de toute espèce : fruits tapés, fruits au jus et à
l'eau-de-vie, viandes conservées, volailles, pâtés, etc. Il a été

parlé, dans les rapports des Expositions précédentes, de la grande importance de leurs établissements, qui fournissent à un commerce d'exportation considérable. Cette importance s'est encore accrue depuis 1847; et le jury a constaté cet accroissement en décernant à MM. Rodel et Teyssonneau le rappel de la médaille d'argent qu'ils ont déjà obtenue ; à M. Fau le rappel de la médaille de bronze qu'il a reçue en 1847.

Le jury pourrait faire quelques observations sur plusieurs des produits qu'il a dégustés, il préfère inviter les fabricants à examiner eux-mêmes s'ils n'ont pas quelques reproches à se faire, et il leur rappelle que s'il leur a fallu bien des années pour répandre leur réputation et fonder leur importante clientelle, il suffirait d'un moment de négligence de leur part pour discréditer leurs produits, ce qui ne serait pas seulement fâcheux pour eux, mais pour le commerce de Bordeaux en général.

MM. Louit frères, *rue Puits-de-Bayne-Cap*, n° 21, *à Bordeaux*, ont présenté les produits de leur fabrique : chocolat de toutes formes, beurre de cacao, moutarde, etc. La préparation de leurs chocolats s'est faite jusqu'à ce jour avec une machine à vapeur de quatre chevaux. Aujourd'hui ils sont en instance pour obtenir l'autorisation de placer un moteur d'une force double ; c'est dire que leur usine prend de jour en jour une plus grande extension. Leurs produits sont bien broyés, les qualités supérieures sont bonnes; mais les qualités inférieures laissent à désirer. La fabrication en grand de la moutarde, à différents aromates. a été jointe depuis peu à l'industrie principale de MM. Louit. Quatre meules sont employées à cette dernière préparation. Le jury a remarqué la finesse de la pâte et sa conservation dans des flacons de verre. Cette innovation ne permet pas au liquide de filtrer à travers le vase, ainsi qu'on le reprochait aux pots de terre cuite. Une médaille d'argent est accordée à MM. Louit, qui avaient obtenu une médaille de bronze en 1847.

MM. Véron frères, *fabricants d'amidon et de gluten, à Poitiers,* ont envoyé à l'Exposition des produits fabriqués par le procédé Martin, procédé breveté, aujourd'hui tombé dans le domaine public, et qui permet d'éviter l'insalubrité des amidonneries et de recueillir le gluten ou principe azoté du froment, dont l'usage est très-répandu pour l'alimentation des estomacs débiles. Ces produits sont très-beaux et justifient les hautes distinctions que MM. Véron ont obtenues aux Expositions de Paris et de Poitiers. La Société Philomathique, tenant compte de ces diverses circonstances et de la grande importance de leur établissement, leur décerne une médaille d'argent.

MM. Begou frères, *fabricants, rue des Trois-Conils, n° 53, à Bordeaux,* ont exposé des vermicelles et des pâtes, dites d'Italie, des amidons, des farines légumineuses et du gluten granulé pour potages. Les vermicelles sont de bonne qualité, durs, cassants et pourtant assez élastiques. Les pâtes d'Italie ont une bonne consistance. Le gluten granulé est bien réussi.

Ils fabriquent l'amidon par un procédé qui n'est ni l'ancien procédé, ni le procédé Martin, et qui ne répand aucune odeur malsaine. Ils obtiennent des produits de belle qualité. Le jury leur a décerné une médaille de bronze.

M. Vidal, *fabricant, à Toulouse,* a envoyé des échantillons de vermicelles et de pâtes d'Italie, qui sont de très-bonne qualité. Les blés qu'ils emploient sont assez durs pour donner une assez grande élasticité à leurs pâtes, et les prix avantageux auxquels ils livrent leurs produits, leur assurent un débouché certain. Le jury a voté une médaille de bronze.

MM. Longeau frères, *fabricants, à Angoulême,* en adressant à l'Exposition des échantillons d'amidon et de gluten granulé, qui sont très-beaux, auraient dû mettre le jury à même d'apprécier, par des renseignements circonstanciés sur leurs procédés de fabrication, si ce sont des produits de fabrication courante ou des produits exceptionnels d'Exposition. L'absence de ces renseignements a obligé le jury de renvoyer à la prochaine Exposition une récompense plus élevée que la mention honorable.

Le jury a examiné avec intérêt des carreaux polis, des vases et des coupes que MM. Longeau font travailler dans les prisons d'Angoulême avec de la pierre récemment extraite d'un plateau de la Charente. Cette pierre est très-belle, dense, sonore, compacte, à grains fins et serrés, susceptible d'un très-beau poli; mais n'a-t-elle pas l'inconvénient de s'altérer au contact de l'eau et de l'air humide? Le prix est excessivement élevé, et pour payer aussi cher, les consommateurs préféreront le marbre.

M. CASTEX, *rue de Lormont, n° 50, à Bordeaux,* a soumis au jury de l'amidon fait avec des déchets de riz. C'est un produit nouveau dont le mérite revient à M. Castex ; mais ce n'est encore qu'un produit de laboratoire, car M. Castex n'a pas de fabrique, et c'est en outre un produit assez ordinaire.

M. LESOURD-DELISLE, *propriétaire, à Angers,* a exposé des vins d'Anjou préparés à la manière des vins de Champagne, qui ont été trouvés d'un goût agréable; le jury lui rappelle avec plaisir la mention honorable qui lui fut décernée en 1847. Le système de vase clos pour la préparation du vin, dont il a adressé un modèle, a été souvent essayé dans nos contrées sans qu'on y ait reconnu un avantage réel.

XV.

LAINES, SOIES ET TISSUS DIVERS.

Le Jury a constaté avec regret que le nombre des exposants de cette catégorie a été beaucoup moindre qu'en 1847. Les tapis d'Aubusson, les tissus de coton des Basses-Pyrénées avaient cependant reçu un accueil qui n'était pas de nature à les décourager. Quoique peu nombreux, les produits exposés ont une grande importance, et les établissements qui ont mérité des distinctions, surtout ceux de MM. Laroque frères fils et Jaquemet, P.-F. Bégué, Coudere et Soucaret fils, honorent non-seulement l'industrie du Midi, mais l'industrie française.

MM. Laroque frères fils et Jaquemet, *fabricants de laines filées, tapis, couvertures et peausserie, rue Lecoq, n° 18, à Bordeaux*, sont des vétérans des Expositions Philomathiques ; ils y ont apporté une collection complète de leurs produits, parmi lesquels le jury a surtout remarqué un magnifique tapis ras, genre Aubusson, qui est digne, par la beauté et la variété des nuances, d'aller figurer à l'Exposition universelle de Londres, à côté des produits des meilleures fabriques.

La fondation de l'établissement de MM. Laroque et Jaquemet remonte à 1780. Développé graduellement d'année en année, sa véritable importance date de 1825. Il occupe aujourd'hui de deux cent cinquante à trois cents ouvriers, met en œuvre chaque année de 90 à 100,000 kil. de laine peignée, de 70 à 80,000 kil. de laine à carde, de vingt-quatre à trente mille peaux de mouton, réunit l'exploitation complète de la préparation des peaux, de la préparation, de la filature, de la teinture et du tissage de la laine, et livre annuellement au commerce pour une valeur d'un million de francs en peausserie, laines filées pour tricots, tapis double-droits pour dessus de tables, tapis jaspés pour passages, escaliers et appartements, moquettes de toutes qualités, tapis ras de dimensions et de dessins variés. MM. Laroque et Jaquemet ont donné un bon exemple, en indiquant les prix sur la plupart de leurs produits ; le jury a constaté que ces prix sont très-modérés.

MM. Laroque et Jaquemet ont obtenu, à la dernière Exposition, le rappel de la médaille d'or. Le jury a demandé que le titre de Membre honoraire de la Société Philomathique fut décerné à M. Laroque fils. La Société Philomathique a déféré à ce vœu dans sa séance générale du 27 août, et son Président, en remettant à M. Laroque fils le titre de sa nomination, dans la séance publique de distribution des récompenses, lui a adressé ces paroles, qui ont été chaleureusement applaudies :

« Monsieur et cher collègue, la Société Philomathique et le » jury, en vous décernant la plus haute des récompenses, ont » voulu honorer en votre personne, non-seulement l'excellence » et la supériorité de vos produits industriels; mais aussi, mais » surtout, l'ordre, la bonne administration, la haute moralité » qui distinguent à un haut degré votre fabrique : c'est vraiment » la manufacture modèle ! »

MM. A. COUDERC et SOUCARET FILS, *de Montauban*, ont exposé les produits de leur *filature de soie et de leur fabrique de tissus à bluter*. Ils ont obtenu en 1841 une médaille d'or à l'Exposition nationale de Paris; c'est la première fois qu'ils exposent à Bordeaux, et le jury n'a pas hésité à leur décerner, à l'unanimité, une médaille d'or. C'est, qu'en effet, leurs produits n'ont pas seulement un mérite relatif; mais, si l'on peut s'exprimer ainsi, un mérite absolu, qui les fait préférer, dès qu'ils sont connus, non-seulement en France, mais en Europe, à tous les produits analogues; et le jury a vu de nombreuses demandes qu'on leur adresse d'Espagne et même d'Allemagne, avec des éloges dont ordinairement les lettres de commerce sont peu prodigues. L'établissement de MM. Couderc et Soucaret date de 1830. Commencé avec six métiers, il en compte aujourd'hui cent cinquante, outre une filature de cinquante-trois bassines; il occupe près de deux cent cinquante ouvriers.

Leurs soies grèges sont de divers titres, à très-forte croissure, nettes, régulières, nerveuses et élastiques.

Leurs tissus à bluter sont de deux genres : les tissus unis, ou toiles de soie, nommés dans le Nord *toiles de Bordeaux*, parce qu'un fabricant bordelais, nommé Montant, fut le premier à les faire employer dans quelques usines, en remplacement des

étamines de laine ; et les gazes Zurich qui diffèrent de la toile de
soie, en ce qu'elles ont deux fils en dent que la lisse fait mouvoir
de telle sorte, que chaque fil de trame se trouve étreint pour
ainsi dire entre deux nœuds des deux fils de la chaîne, ce qui
rend le tissu inéraillable. Pour les tissus à larges mailles, susceptibles d'éraillement, la gaze Zurich est préférable à la toile
de soie, aussi est-elle fort en vogue des n°s 8 à 70. La toile
de soie, quoique moins solide, est préférée pour les numéros élevés, comme étant plus blutante.

Le mérite des tissus à bluter consiste dans la parfaite régularité du tissage ; le jury a constaté que dans les tissus de
MM. Couderc et Soucaret cette régularité est aussi parfaite
dans les numéros inférieurs que dans les plus élevés ; dans le
n° 8, par exemple, qui présente soixante-quatre jours sur un
espace de 27 millimètres carrés que dans le n° 230, qui présente
plus de cinquante mille jours dans le même espace, et cette
constatation a été d'autant plus positive, qu'elle n'a pas eu lieu
sur des échantillons, mais sur vingt-deux pièces différentes,
mesurant ensemble 1,000 mètres.

Le jury émet le vœu que, pour l'honneur de l'industrie
française, MM. Couderc et Soucaret envoient leurs produits à
l'Exposition de Londres.

MM. Bonnal et Ce, *filateurs de soie et fabricants de tissus
à bluter, à Montauban*, ont reçu du jury de 1847 une médaille
de bronze, dont le jury de 1850 leur accorde le rappel. Leurs
produits sont réguliers et bons ; leur établissement est important
et occupe environ cent cinquante ouvriers ; ils contribuent puis-
samment à encourager, dans le département du Lot-et-Garonne,
l'élève des vers à soie, en mettant annuellement en œuvre de
de 14 à 15,000 kil. de cocons.

M. P.-F. Bégué, *fabricant de linge de table, à Pau*, fait
travailler environ deux cent cinquante ouvriers, dont près de
cent dans ses ateliers. Il a exposé un assortiment très-varié de

linge de table en fil de lin damassé, qui justifie toutes les espérances que concevait, sur les progrès futurs de sa fabrication, le jury de 1847. Il est arrivé à fournir des produits aussi beaux que ceux des meilleures fabriques du Nord, à des prix modérés, en qualité aussi fine et en même temps plus solide. Ses dessins damassés sont très-nets et du meilleur goût. La Société Philomathique est heureuse d'accorder à cet honorable industriel le rappel de la médaille d'or qu'elle lui a décernée en 1847.

Mme LAUDET, *fabricant de linge damassé, à Pau*, est, comme M. Bégué, fidèle aux Expositions bordelaises. Le jury, en lui décernant le rappel de la médaille d'argent qu'elle a obtenue en 1847, l'invite à porter une plus grande attention à la régularité du tissage et à la netteté des dessins damassés.

M. DELPECH, *fabricant de couvertures, rue du Cloître, n° 17, à Bordeaux*, a exposé des couvertures de coton; il fabrique depuis longtemps, et le jury de 1847 lui a accordé une médaille d'argent; en lui décernant le rappel de cette distinction, le jury de 1850 l'invite à soigner davantage ses produits, quant à la blancheur du tissu et à la bonne exécution des barres.

MM. SOLLES ET TAURIGNAN, *rue Sainte-Colombe, n° 18, à Bordeaux*, sont de nouveaux venus dans l'industrie; ils ont établi depuis environ dix-huit mois, rue de la Croix-de-Seguey, n° 62, une petite fabrique de couvertures de coton, où ils peuvent occuper dans ce moment de huit à dix personnes. Les produits qu'ils ont exposés et ceux que le jury a vus dans leur établissement sont très-beaux; le tissu en est très-corsé, le coton très-blanc, la mise en poil bien faite, les barrages parfaitement établis et de couleur très-bonne. Le jury est heureux de leur témoigner sa satisfaction et de leur décerner une mention honorable.

MM. GUIBERT FRÈRES, *fabricants de laines et cotons filés et teints, rue d'Albret, n° 20, à Bordeaux*, ont exposé une variété infinie de fils de laines et cotons chinés et flammés, des nuances les plus diverses. Ils ne filent pas, mais se bornent à teindre et à tordre les cotons et les laines qu'ils achètent à Bordeaux ou reçoivent filés du dehors. Ils occupent de trente à quarante ouvriers, dont les deux tiers environ sont des femmes. Ils opèrent le mélange des fils de diverses couleurs par le moyen de rouets et de tordeuses très-bien installés et mus à bras. Pour les flammés, ils ont inventé un petit étau en cuivre, qui serre les parties de l'écheveau qu'ils tiennent à préserver de la couleur et qui est un progrès notable sur les procédés usités auparavant. Leur atelier de teinture est bien installé, et ils paraissent avoir une connaissance très-approfondie de l'art de préparer et d'employer les couleurs. Le jury leur a décerné une médaille de bronze.

MM. JOSSERAND ET C°, *fabricants de toiles peintes, à Toulouse*, ont envoyé à l'Exposition des châles indienne de divers genres, dont les dessins sont bien imprimés, mais les fonds un peu ternes. Ils impriment par an jusqu'à dix mille coupes de calico, et occupent de cent à cent cinquante ouvriers des deux sexes. Leur établissement, qui a été fondé en 1832, est donc très-important; il le deviendrait bien davantage, puisqu'ils s'adressent à la consommation populaire, si leurs prix étaient moins élevés. Le jury leur a décerné une médaille de bronze et compte sur eux à la prochaine Exposition.

M. DUBAN FILS, *laveur de laines, rue des Faures, n° 57, à Bordeaux*, a exposé, à côté de laines en suint, des laines de même qualité, lavées dans son établissement et préparées pour matelas. Il y a joint des échantillons de plume d'oie préparée. Son atelier de lavage est à Gradignan, et il occupe pendant la belle saison jusqu'à soixante ouvriers. Le jury, reconnaissant l'importance de son industrie et les bons résultats qu'il obtient de ses procédés, lui décerne une mention honorable.

7

XVI

FEUTRES, PEAUSSERIES ET CHAUSSURES.

MM. Besson frères, *fabricants de chapellerie*, *à Bordeaux*, ont été honorés d'une médaille d'argent en 1847; ils viennent d'obtenir, à la dernière Exposition nationale de Paris, la seule médaille d'argent qui ait été décernée à l'industrie qu'ils exercent. Les produits variés qu'ils ont exposés justifient ces hautes distinctions ; et le jury, appréciant les bonnes qualités et les prix très-raisonnables de ces produits, l'ancienneté et la bonne organisation de leur fabrique, l'importance du débouché qu'ils se sont créé pour l'exportation, leur décerne la distinction éminente d'une médaille d'argent grand module. MM. Besson honorent au plus haut degré l'industrie bordelaise.

MM. Blandinières frères, *tanneurs* et *corroyeurs*, *rue Castelneau – d'Auros*, n° 16, *à Bordeaux*, ont exposé des peaux de veaux préparées pour chaussure et des tiges de bottes et avant-pieds, qui soutiennent dignement la bonne réputation qu'ont en France les *tiges de Bordeaux*, et qui se distinguent par leur souplesse et leur solidité. Ils peuvent livrer au prix de 6 à 7 fr. la paire, des tiges que leurs confrères vendent de 7 à 8 fr. Fournir de la bonne marchandise à bon marché, c'est un double mérite, surtout pour un produit de consommation courante. La Société Philomathique a cru devoir le récompenser, en votant à MM. Blandinières une médaille de bronze.

M. Vergniaud, *cordonnier*, *rue Esprit-des-Lois*, n° 17, *à Bordeaux*, propose de remplacer par la coupe et par une disposition très-simple, qui détermine l'adhérence du cuir avec l'embauchoir, la préparation, qui consiste à appliquer sur une forme en bois, pour les cambrer, les cuirs destinés à la confection des bottes. Au moyen de ce procédé, il prétend obtenir une économie de 1 fr. 50 c. environ par paire de bottes. Il présente en même temps une chaussure destinée à remplacer dans l'armée le soulier et la guêtre en cuir ; il la nomme soulier-guêtre. Au prix de 10 fr., cet objet paraît devoir procurer une grande économie, cependant M. Vergniaud n'a pu encore obtenir qu'il fût adopté par le Gouvernement. Les employés du service actif des douanes, à Bordeaux, ont commencé à en faire usage et s'en montrent généralement satisfaits. La Société Philomathique décerne à M. Vergniaud une mention honorable.

M. **Langlade**, *rue Sainte-Catherine*, n° 132, *à Bordeaux*, a imaginé de réunir par un mordant deux toiles, l'une de coton, l'autre de fil, et de les enduire d'une couche de vernis ordinaire. La préparation a été faite par M. Seutin, fabricant de toiles peintes et cirées, chemin du Tondu, n° 83. On ne saurait dès à présent être fixé sur la durée de ce tissu converti en chaussure ; il est même à craindre qu'il soit peu résistant. Mais comme il ne coûte guère que la moitié du prix du veau verni, il peut être utilisé avec avantage dans toutes les circonstances où l'étoffe n'aura pas à fatiguer, notamment pour couvrir les voitures. Le jury a voté à M. Langlade une mention honorable.

M. **Fumeau**, *apprêteur en pelleterie, rue Batailley, n° 1, à Bordeaux*, a exposé des peaux de mouton apprêtées en blanc et en couleur, tellement remarquables, que le jury, après avoir constaté que ce résultat était dû à des procédés certains et à la bonne application qu'en fait M. Fumeau, lui a décerné une médaille de bronze.

M. **Chaillot**, *mégissier, rue du Pont-du-Guit, n° 14, à Bordeaux*, a mis à l'Exposition des *courégeons*, ou petites lanières, propres à fixer le battant au manche d'un fléau. Aux prix de 4, 5 et 6 fr. les douze douzaines, suivant la grosseur, cette ligature ne peut manquer d'être préférée à la ficelle. Le jury la signale aux agriculteurs.

XVII.

INSTRUMENTS DE MUSIQUE, PIANOS.

En France, où tout est soumis au caprice de la mode, et où la mode change si souvent, c'est un fait exceptionnel que la faveur constante dont jouit le piano depuis bien des années. Il n'est guère plus de famille aisée qui n'ait un piano, et souvent, dans une maison, il y en a un à chaque étage. L'étude de cet instrument fait chaque année des progrès plus notables, et les maîtres inventent sans cesse de nouvelles difficultés, afin d'avoir le mérite de les vaincre. La fabrication a dû suivre le mouvement de l'art et faire comme lui des progrès rapides. Les facteurs de province, émules des facteurs de Paris, ont apporté leur contingent de perfectionnement dans la construction de l'instrument; et, appliquant d'ingénieuses combinaisons, ont fabriqué de bons et beaux pianos à des prix souvent plus bas que ceux des facteurs de Paris.

M. **Heering**, *facteur de pianos, à Bordeaux, cours du Jardin-Public, n° 34*, a eu les honneurs de l'Exposition de 1847. Ses pianos sont aussi de très-bonne construction cette année, et se recommandent par des sons purs et brillants, par des formes variées, par des prix très-modérés. Les pianos à queue ont surtout fixé l'attention du jury. Ce facteur mérite, par la constance avec laquelle il travaille au progrès de sa fabrication et par l'importance de son établissement, le rappel de la médaille d'or qu'il a obtenue en 1847.

M. **Herding**, *facteur de pianos, à Angers*, a obtenu une médaille d'argent en 1847. Il établit dans ses pianos droits un nouveau mode de barrage en fer, qui, sans détruire l'égalité des sons, donne à la table d'harmonie une grande force de résistance contre le travail du bois et le tirage des deux sommiers, et constitue une sorte de harpe inébranlable, dont l'accord n'a plus d'autre action à redouter que l'action inévitable de l'atmosphère sur les cordes. Dans tous les détails de la construction intérieure de son instrument, le fer a tellement remplacé le bois, qu'il peut, à juste titre, le nommer *piano en fer*. La sonorité ne perd pas à cette substitution ; mais elle change de nature et devient pour ainsi dire métallique, ce qui favorise la netteté d'exécution pour la musique brillante et les traits rapides, et diminue peut-être un peu la douceur des mélodies. Le jury, appréciant ces perfectionnements et reconnaissant que les pianos de M. Herding présentent, pour les localités éloignées des grandes villes, l'avantage très-grand de garder l'accord pendant beaucoup plus longtemps que les autres pianos, décerne à cet intelligent facteur une récompense très-élevée, celle de la médaille d'argent grand module.

M. Louis POL, *facteur de pianos, à Toulouse et à Nîmes*, a exposé de très-bons pianos droits, dont le son est moelleux et égal, dont le mécanisme est plein de souplesse. La douce plénitude du son paraît dépendre de la qualité bien choisie des bois employés par M. Pol, d'une bonne disposition de la charpente du piano et en général du soin donné au travail d'ébénisterie. Le jury a voté à M. Louis Pol une médaille d'argent.

M. THIBOUT, *facteur de pianos, à Bordeaux, cours du Jardin-Public, n° 144*, a cherché, comme M. Herding, a éviter la faiblesse du sommier supérieur des pianos droits, et emploie, dans ce but, de forts boulons en fer, qui attachent le sommier sur des barres de bois debout. Ces boulons n'altèrent en rien la sonorité du piano et n'augmentent pas les frais de fabrication. La table d'harmonie du piano à queue exposé par lui, présente aussi une très-heureuse application de barres de fer, qui en consolide la construction, tout en ne portant aucune atteinte à la sonorité. Le jury a reconnu avec plaisir que M. Thibout fait de bons pianos, qu'il travaille avec beaucoup d'intelligence à résoudre le problème de la réunion du bon, de l'élégant et du bon marché; et, pour l'encourager dans la bonne voie où il marche, lui a décerné une médaille d'argent.

XVIII.

OBJETS DIVERS.

M. SANDAUX, *bijoutier, rue des Glacières, n° 7, à Bordeaux*, a exposé un verre à pied en argent ciselé, des pommes de cannes également ciselées en or et en argent, des chiffres découpés en or, des boutons, des épingles et d'autres bijoux; ces produits, qui rappellent le gobelet, le poignard ciselé et les autres délicieux ouvrages que M. Sandaux a exposés en 1847, sont plutôt des œuvres d'art que d'industrie, et révèlent chez leur auteur un goût pur et un burin exercé. L'exposant fournit depuis bien des années la plus grande partie des petits bijoux d'or et d'argent, boutons, épinglettes, broches, anneaux, crochets, etc., etc., que nous croyons le plus souvent expédiés de Paris à nos bijoutiers en renom, et qui sont nés dans son petit atelier de la rue des Glacières. Il a formé de nombreux ouvriers, que l'on recherche dans les meilleures fabriques, et dont plusieurs ne l'ont quitté que lorsque les événements de 1848 l'ont obligé à les congédier faute d'ouvrage. Aujourd'hui les commandes reviennent et l'atelier de M. Sandaux va se repeupler; puisse le rappel de la médaille d'argent obtenue par lui en 1847, concourir à cet heureux résultat.

MM. CERF ET NAXARA, *rue Saint-Remi, n° 17, à Bordeaux*, ont exposé une colection variée de cartonnages de luxe. Leur établissement n'a pas seulement pour objet la fabrication des riches cartonnages dont il est fait plus particulièrement usage à l'époque de étrennes. Bien que cet article occupe une place importante dans leurs produits, il ne constitue en réalité qu'une sorte d'accessoire. L'objet principal de leur fabrication consiste en boîtes élégantes et convenablement ornées, destinées à contenir les fruits secs, dont il est expédié une grande quantité aux colonies et à l'étranger. Sous ce rapport leur établissement offre un véritable intérêt, en ce qu'ils occupent pendant toute l'année plus de cent cinquante ouvriers et que leur industrie donne lieu à un mouvement d'affaires de plus de 400,000 fr.

Du reste, leur situation prospère est due au bas prix de leurs produits; et ce résultat, ils l'obtiennent en concentrant dans leurs ateliers presque tous les éléments de leur fabrication. La préparation des bois et des cartons se fait au moyen de machines ingénieuses qui simplifient et accélèrent le travail. En un mot, leur installation est complète; et loin d'avoir de concurrence à redouter, ils livrent à des prix qui appellent des commandes, même de Paris. Ils ont eu une médaille de bronze en 1847; le jury s'est empressé de leur décerner une médaille d'argent.

M. PIERRE RIBY, *fabricant de meules, boulevard de Nantes, à Angers*, a exposé une meule de moulin à grains, très-bien exécutée et d'une bonne nature de silex. Le prix de 250 fr., auquel elle a été vendue pendant l'Exposition, est aussi réduit que le comporte le fini du travail et le bon choix de la pierre. M. Riby a fondé son établissement il y a quinze ans; il occupe journellement quarante ouvriers et confectionne environ trois cents paires de meules chaque année. Le jury lui a décerné une médaille de bronze.

M. J. B. LASGUIGNES, *employé au chemin de fer de Libourne (Gironde)*, a placé à l'Exposition un modèle en plâtre d'un pont oblique et un traité de la coupe des pierres. C'était mettre le jury en mesure de juger de ses connaissances pratiques et de ses études théoriques. Ce jugement lui a valu une mention honorable.

M. BOURREAU, *relieur, cours de Tourny, n° 43, à Bordeaux,*

est le seul dont les reliures aient paru, aux yeux du jury, mériter une citation dans ce rapport. Le missel qu'il a exposé offre un échantillon fort appréciable d'une habileté peu commune et d'un sentiment assez éclairé de l'ornementation de luxe, en même temps que des exigences d'un emploi usuel. Le jury l'a jugé digne d'une mention honorable.

M. BARDON FILS, *officier de santé, rue Saint-Dominique, à Bordeaux*, a reçu une médaille de bronze pour les utiles perfectionnements qu'il a apportés au bandage herniaire et la bonne exécution du bandage perfectionné qu'il a exposé.

M. Antoine BÈS, *mécanicien, à Figeac (Lot)*, a adressé à l'Exposition un rabot à tourner le bois, ou ciseau à double fer, qui pourra s'employer utilement pour tourner des morceaux de bois d'une forte dimension. Le jury a récompensé son heureuse idée par une mention honorable.

M. FONTAINE, *fabricant de lanternes de voiture, place Dauphine, n° 9, à Bordeaux*, a succédé à M. Merle, qui a obtenu une médaille de bronze en 1847. Les produits qu'il a exposés sont très-bien fabriqués, se vendent à bon compte et lui méritent le rappel de la médaille de bronze accordée à son prédécesseur.

Mme veuve VILLENEUVE, *de Bagnères-de-Bigorre (Hautes-Pyrénées)*, a exposé un mantelet, un châle et un couvre-pieds en laine, tricotés à la main et ornés de dessins de couleurs. Mme Villeneuve a une fabrique importante de ces articles ; ils sont très-bien faits, de bon goût et ont paru au jury dignes d'une mention honorable.

Mme AVRIL, *rue Vieille-Boucherie, n° 12, à Poitiers*, a adressé à l'Exposition divers objets tricotés en fil d'Écosse et soie, parmi lesquels une poupée toute habillée au tricot. C'est très-bien fait, mais c'est bien cher.

Mme ENDRON, *rue des Remparts, n° 22, à Bordeaux*, a exposé un châle en point de Venise, dont le dessin est très-régulier et parfaitement travaillé.

Mme BRESSON, *rue Ducasse, n° 19, à Bordeaux*, a présenté

deux couvre-pieds piqués, qui dénotent une ouvrière habile et patiente.

M. PETIT, *allées de Tourny, n° 35, à Bordeaux*, a exposé un corset sans gousset. Ce n'est pas une invention nouvelle ; mais c'est une importation récente à Bordeaux, due à l'habilité de Mme Petit. La visite de ses ateliers a fait reconnaître qu'elle fabrique également bien les articles simples et à bon marché, et les articles de luxe d'un prix plus élevé, mais cependant modéré.

M. DUPY, *tailleur, rue Saint-Remi, n° 46, à Bordeaux*, a exposé un caban soutaché, qui donne l'opinion la plus favorable du goût et de l'expérience de cet ex-maître tailleur d'un régiment de cavalerie. La coupe en est irréprochable.

Mlle MORENO Y ALEMAN, *place de la Comédie, n° 2, à Bordeaux*, a placé à l'Exposition : 1° un tableau sur gros-de-Naples, brodé en soie, chenille et laine, qui représente Jésus-Christ prédisant la ruine de Jérusalem, et produit un bel effet ; les couleurs, peut-être un peu ternes, sont bien harmonisées et nuancées avec une parfaite intelligence ; 2° trois tableaux représentant des oiseaux divers, faits avec de la soie, par un procédé nouveau, qui paraît simple et donne de très-agréables résultats.

Mlle Moreno désire trouver des élèves : comme étrangère, brodeuse habile et pianiste distinguée, elle mérite les encouragements et la recommandation de la Société Philomathique ; une médaille de bronze lui est accordée.

Mlle ALENET, *de Bordeaux*, arriva trop tard à la dernière Exposition pour être admise au concours. Ses imitations d'insectes, très-appréciées par le jury et considérées par lui plutôt comme une œuvre d'art que comme un travail de patience, lui ont mérité une médaille de bronze.

M. TRIJEARD, *rue des Trois-Conils, n° 18, à Bordeaux*, a exposé des oiseaux empaillés. Rien n'est plus joli ni mieux entendu que le globe présenté par l'exposant. Ses oiseaux, remarquables par leur rareté et le choix des couleurs, le sont aussi par le naturel et la variété des poses. Le procédé de conservation est la pâte arsenicale ordinairement employée.

M. Grébur, *rue Sainte-Catherine, n° 71, à Bordeaux*, est un artiste habile, qui tire du travail des cheveux un parti fort ingénieux. Ses petits tableaux, ses chaînes, ses bracelets sont disposés avec goût. Il mérite de réussir.

M. Mauret, *fabricant de fleurs, rue de l'Intendance, n° 31*, est nouvellement établi à Bordeaux. Ses fleurs ont tout le caractère des fleurs fines. Elles ont de la vérité dans la composition, de la délicatesse dans les nuances, de l'harmonie dans les tons. Les prix accusés sont d'ailleurs d'une extrême modération. Le jury pense que ces diverses conditions, favorables au commerce local, doivent être encouragées.

M. Darré, *peintre, rue Fondaudège, n° 101, à Bordeaux*, a exposé un cadre de peintures héraldiques, pour panneaux de voiture, qui sont parfaitement exécutées et dénotent un pinceau facile et soigneux, le pinceau d'un véritable artiste. Le jury lui a décerné une mention honorable.

M. Trestler, *rue du Manége, à Bordeaux*, a exécuté un modèle de la tour de Cordouan, dont l'exactitude ne laisse rien à désirer. Le jury lui a décerné une mention honorable.

M. Mandron, *rue Brémontier*, a exposé des échantillons de soie végétale. Pour émettre une opinion sur l'avenir de ce produit, qui est très-ordinaire, le jury aurait eu besoin de connaître le procédé de M. Mandron. Il fait des vœux pour que de nouvelles expériences le conduisent à obtenir, non-seulement de la soie de mûrier, mais de la belle et bonne soie.

MM. Averseng et Ce, *de Toulouse*, ont exposé du crin végétal fait avec de la feuille de palmier. Une expérience de quelques années fera plus pour l'appréciation de leur produit que le dossier considérable de dix-sept pièces minutées.

La Société Philomathique s'étant réservé de décerner aux exposants des produits étrangers les distinctions dont ils auront été jugés dignes, un rapport spécial sera ultérieurement publié sur ces produits.

BEAUX-ARTS.

PEINTURE ET DESSIN. — SCULPTURE.

TABLEAUX D'HISTOIRE, COMPOSITIONS ET ESQUISSES HISTORIQUES.

Les tableaux d'histoire étaient peu nombreux à l'Exposition; ce genre demande des loisirs que très-peu d'artistes peuvent lui consacrer, et ne rencontre pas dans le monde les mêmes encouragements que des genres moins difficiles. Il y a donc courage réel chez un artiste, et véritable dévoûment à l'art, de se vouer à des travaux qui exigent des études sérieuses, sont d'autant plus critiqués, que la mode n'est pas là pour les défendre, conduisent rarement à la gloire, plus rarement et jamais, peut-être, à la fortune. Cette triste réflexion est encore plus fondée en province qu'à Paris, et il est probable que sans les commandes de l'État, pour les églises ou les musées, il y aurait encore des compositions et des esquisses historiques provoquées par les héros des événements représentés; mais il n'y aurait plus, à proprement parler, de tableaux d'histoire.

M. GUILLAUME, *de Bordeaux*, et M. PAUTHE, *de Castres*, ont exposé des tableaux d'histoire, qui révèlent des qualités diverses et une égale entente de la disposition des groupes et pour ainsi dire de la mise en scène des personnages. Le *Baptême du Christ*, de M. Guillaume, a soulevé de vives critiques; le jury ne lui en a fait qu'une, que l'auteur même avait indiquée, celle de n'être pas achevé ; et nul doute que si M. Guillaume eût pu consacrer quelque temps de plus à son œuvre, elle n'eût obtenu les honneurs de l'Exposition. *La Scène de Famille*, de M. Pauthe, est bien composée, vigoureusement peinte ; mais les types sont vulgaires et ont le tort d'être probablement les portraits trop véridiques de modèles mal choisis. M. Guillaume avait obtenu en 1847 une médaille d'argent, et M. Pauthe une mention honorable ; le jury leur a décerné le rappel de ces distinctions.

Parmi les compositions, le jury a donné le premier rang à celles de M. Gorin, *de Bordeaux,* et lui a décerné une médaille d'or. Il y a dans les œuvres de cet artiste du sentiment et de l'inspiration. Son tableau de *l'Embarquement d'Abd-el-Kader* est plein d'animation, d'une couleur brillante et toute orientale, d'une exécution hardie, hasardée quelquefois ; mais qui révèle un talent plein d'avenir. Son aquarelle : *Où va-t-il ?* a un charme poétique qui porte à la rêverie.

Un autre de nos concitoyens, M. le chevalier DE PALLIÈRE, héritier d'un nom justement estimé dans les arts, a reçu une mention honorable pour ses travaux en général, et plus particulièrement pour *Le Sacre de Mgr de Trélissac,* qui se distingue par un heureux arrangement des personnages, une perspective bien entendue et une grande ressemblance dans les portraits.

L'esquisse historique de M. Lambert, *Joseph vendu par ses Frères,* est une charmante composition, pleine de mouvement, d'air et de lumière, qui justifie le rappel de la médaille d'argent votée à cet artiste en 1847, et promet beaucoup pour l'avenir.

M. Papin ne s'adonne pas exclusivement au portrait, et les esquisses de trois sujets religieux qu'il a exécutés en grand pour le Gouvernement, lui ont valu une mention honorable. *Le Songe de saint Joseph* est surtout une bonne et sérieuse composition, d'un coloris sage en même temps que vigoureux.

TABLEAUX DE GENRE ET INTÉRIEURS.

M. BIARD, *de Paris,* a honoré nos salons de deux de ses plus spirituelles compositions. L'une, *Le Conseil de révision,* présente la plus piquante réunion de physionomies que l'on puisse imaginer ; c'est un véritable drame comique qui n'a cessé d'attirer pendant deux mois la foule des spectateurs. L'autre, *Le Propriétaire*, peut-être un peu froid et un peu confus, présente à l'analyse une foule de traits malins et pleins d'esprit, qui révèlent un esprit observateur. M. Biard, qui a conquis tant de palmes dans les Expositions parisiennes, ne pouvaient pas venir à Bordeaux en concurrent, mais en amateur ; le jury l'a pensé ainsi et lui a décerné une mention toute spéciale, qui n'est pas une récompense, mais un hommage à son talent.

M. Plassan, lauréat des Expositions de 1844 et de 1847, à chacune desquelles il obtint une médaille d'argent, s'est souvenu à Paris du théâtre de ses premiers succès. Son petit tableau intitulé *Les Perles*, révèle des progrès très-importants. C'est une délicieuse composition, riche de coloris, fine de touche, harmonieuse d'ensemble. Une soubrette, que ne renierait pas le pinceau de Téniers, pare la coiffure d'une dame à l'air peut-être un peu équivoque et dont les mains pourraient être mieux dessinées. M. Plassan a obtenu une médaille d'or ; il tiendra à honneur de venir chercher dans trois ans, avec la confirmation de cette distinction éminente, des éloges sans restriction.

M. J. Félon, qui obtint une médaille d'argent en 1844, fut infidèle en 1847 à la Société Philomathique, et Paris lui avait fait oublier Bordeaux. Il a reparu cette année avec des travaux importants, qui ont obtenu un légitime succès. *Le Pardon* est un groupe bien dessiné et bien compris, d'un coloris harmonieux et ferme, où l'on trouve, il est vrai, plus de réminiscence que d'inspiration, mais surtout beaucoup de sentiment et de vérité. La tête d'étude, cette jeune fille à l'air à la fois malicieux et rêveur, avec ce rouge coquelicot des champs dans les cheveux, semblerait échappée de l'atelier de Greuse, si elle pouvait cacher sa lourde main sous la dorure du cadre. *Le Lac d'Enghein* est une erreur, c'est tout ce qu'on peut en dire. Par *La Mère et l'Enfant*, M. Félon prouve qu'il peut aborder avec succès le dessin à l'aquarelle. Le fini du dessin, la délicatesse des physionomies, le moelleux des étoffes font oublier que la composition manque d'originalité. Le scrutin qui a eu lieu dans le jury a tellement rapproché M. Félon de la médaille d'or, que la médaille d'argent grand module, qui lui a été décernée, devrait être considérée par lui comme une très-honorable et très-flatteuse distinction.

M. Monfallet a composé un petit tableau intitulé *Les Joueurs*, qui est bien arrangé, peint avec vérité et délicatesse, et qui a mérité une médaille d'argent; mais la ville de Bordeaux a le droit d'attendre des travaux plus importants de celui qu'elle a envoyé à Paris étudier les chefs-d'œuvre des grands maîtres.

M. Bernède, *de Paris*, pour son tableau, *Le Suicide*, qui est bien étudié, mais dont la composition laisse à désirer;

M. Ramade, *de Bordeaux*, pour *L'Intérieur de l'église de Saint-Michel*, dont les détails sont bien traités, mais dont l'ensemble manque de perspective;

M. Edmarmay, *d'Angoulême*, pour son *Intérieur d'antiquaire*, qui, malgré trop de sécheresse et de dureté dans les contours, est parfaitement détaillé et d'un coloris ferme et vrai;

M. R. de Lagrave, *de Bordeaux*, pour son *Intérieur de l'Abbaye d'Ambye*, dont la touche est fine et le coloris brillant;

M. Fontainieu, *de Marseille*, pour sa vue intérieure de *La Chapelle de Notre-Dame de la Garde*, dont la perspective est bien sentie et la couleur harmonieuse, et qui offre un joli effet de lumière;

M. Serres, *de Bordeaux*, pour son *Après-midi* et son *Soir d'été*, qui, malgré des défauts sérieux, ont de véritables qualités;

Ont mérité : les deux premiers, le rappel de la médaille de bronze qu'ils ont obtenue en 1847; les quatre autres, une mention honorable.

Le jury a remarqué les petites compositions de *Brouille et Raccommodement*, par M. Fozembas, qui ont quelques qualités comme coloris; et un *Intérieur de cuisine*, par M. Miquel, dont l'effet de lumière est bien rendu.

Il a décerné, en outre, une mention honorable à M. Raver,

de Bordeaux, pour la copie, parfaitement exécutée, d'un tableau de Boucher. Ce n'est qu'une copie; mais elle révèle une entente réelle de la couleur et un pinceau capable d'aborder la composition.

PORTRAITS ET TÊTES D'ÉTUDE.

C'est le genre le plus cultivé, parce qu'il est le plus directement encouragé par le goût du public, aussi le nombre des portraits était-il considérable. Dix artistes, à des titres divers et à des degrés différents, ont mérité des distinctions.

M. **BELLIVEAU**, *de Paris*, dont les portraits, surtout celui de M. B..., sont pleins de vie, d'un coloris naturel et vrai, d'un relief admirable, d'une simplicité de style digne d'éloges;

M. **PAPIN**, *de Bordeaux*, qui a non-seulement le mérite de la ressemblance, mais celui d'une étude parfaite de la transparence des chairs, d'une grande finesse de pinceau et dont les meilleures toiles sont le portrait de M. T. de C..., de Mme et de Mlle de B. et de M. Lacour;

M. **DUPONT**, *de Bordeaux*, qui, dans le portrait de M. S..., a trouvé des effets de coloris qui rappellent la palette de Vandyck;

Ont obtenu chacun une médaille d'argent.

M. **MONFALLET**, Mlle **LARRONDE** et M. **LAMBERT**, *de Bordeaux*, ont mérité le rappel de la médaille d'argent qui leur a été décernée en 1847. Les portraits exposés par M. Lambert sont quelquefois mal posés et un peu ternes de coloris. Ceux de Mlle Larronde attestent des progrès notables; ils ont de la fraîcheur et de la ressemblance, mais sont quelquefois encore un peu trop travaillés.

M. **JABIOT** et M. **DAZET**, *de Bordeaux*, ont reçu chacun une médaille de bronze; M. **MARQUERIE**, *de Paris*, et M. **SERRES**, *de Bordeaux*, une mention honorable.

Le portrait de M. C.., par M. **TROCARD**; celui de M. L.... de C..., par M. **VINCENT**, et une tête de jeune fille, par M. **SALOMON**, ont été favorablement remarqués par le jury.

PAYSAGES ET MARINES.

M. T. Richard, *de Toulouse*, a obtenu à la dernière Exposition la médaille d'or; en lui en décernant le rappel, le jury ne peut se dispenser de critiquer dans ses paysages la froideur des premiers plans, qui font du tort à ses lointains toujours si bien rendus. M. Richard tiendra compte certainement d'une observation qui est une marque d'estime pour son beau talent, et qui n'a pas été seulement celle du jury, mais aussi du public.

M. Monseau, *de Bordeaux*, à qui le jury rappelle également la distinction obtenue par lui en 1847, une médaille d'argent, a exposé plusieurs paysages très-bien rendus, mais dont le coloris manque d'un peu de variété. Son *étude de forêt* est une œuvre sérieuse qui révèle une profonde intelligence de la nature et un pinceau savant et exercé.

M. Léo-Drouyn, *de Bordeaux*, a été heureusement inspiré dans *La Forêt d'Arcachon*; la petite toile qui porte ce titre est pleine de hardiesse, de vérité et de fraîcheur. C'est agréable à voir comme la nature. En lui votant une médaille d'argent, le jury souhaite qu'il laisse quelquefois le crayon et la palette de grès pour le pinceau et la palette de bois.

M. Faxon, *de Bordeaux*, par ses marines, qui sont bien traitées et attestent des connaissances spéciales, justifie la médaille d'argent qu'il a reçue en 1847 et en mérite le rappel.

Le paysage historique, qui vaut à M. **Quinsac**, *de Toulouse*, le rappel de la médaille de bronze qu'il a obtenue en 1847, est une vaste composition, surchargée de détails dont les lointains sont bien rendus.

Les paysages historiques de M. **Marionneau**, *de Paris*, auxquels le jury a décerné une médaille de bronze, attestent une conception grandiose de la nature, une étude sérieuse des maîtres du genre, mais une couleur un peu froide et un pinceau qui pourrait avoir plus de légèreté.

M. Donzel, *de Bordeaux*, a fait preuve, dans son *Repos de Baigneuses* et dans ses *Souvenirs d'Orient*, d'une facilité prodigieuse. Les personnages sont bien groupés ; mais le genre qu'il a adopté est un démenti à toutes les idées reçues.

M. Lucas, *de Versailles*, a envoyé à l'Exposition une *Vue du Grand canal de Venise*, qui est d'un joli effet et se distingue par la transparence des eaux.

Le jury a décerné à MM. Donzel et Lucas une mention honorable.

Une Châtaigneraie, par M. Pélegry, *de Toulouse*, est une consciencieuse étude de feuillage.

Le Passage du Gué, par M. Huber, *de Paris*, est un joli petit paysage d'un peintre qui a de l'avenir.

Une Vue de Toulon, par M. Caron, *de Bordeaux*, quoique peu vraie de couleur, est d'un effet agréable.

NATURE MORTE ET ANIMAUX.

M. Haute, *de Bordeaux*, qui a obtenu une médaille d'argent en 1844, reparaît cette année à nos Expositions, après avoir, comme M. Félon, manqué à l'appel de 1847. Ses travaux lui ont donné une des premières places dans la faveur du public, et lui ont valu une des plus hautes récompenses votées par le jury, la médaille d'argent grand module. Son *Retour de Chasse* est une œuvre capitale, d'un style pur, d'une vérité de dessin et d'une chaleur de coloris qui en font une véritable composition classique. M. Haute, qui est resté Bordelais malgré l'attraction que Paris exerce sur les artistes de talent, honore notre ville et mérite de sérieux encouragements.

M. Claveau, *de Bordeaux*, auquel le jury rappelle sa médaille d'argent de 1847, a exposé deux petits tableaux de nature morte, fruits et oiseaux, qui ont conquis tous les suffrages.

Des médailles de bronze ont été votées :

A M. Pélegry, *de Toulouse*, dont le tableau : *Une Chienne et ses Petits*, brille par la vérité des détails, mais pèche par la composition qui est un peu trop ramassée ;

A M. Rivière, *de Bordeaux*, qui a peint des *Fleurs et Co-*

quilles, qui sont bien étudiées, d'un coloris brillant, mais d'un faire un peu sec.

M. GINTRAC, *de Bordeaux*, a exposé un *Tableau de Fleurs* qui se recommande par un coloris agréable.

AQUARELLE, PASTEL ET MINIATURE.

M. ALBERTI DE BENEDETTI, *de Bordeaux*, a exposé une série de compositions historiques à l'encre de Chine, dont les sujets, tirés de l'histoire romaine, sont largement traités et attestent une fécondité prodigieuse unie à de fréquentes réminiscences. M. de Benedetti possède à un degré éminent le talent de grouper les personnages et de les mettre en mouvement. Le jury lui a décerné une mention honorable.

Mme WETTERWALD, née GAULON, *de Bordeaux;*

M. E. BATTUT, *de Bordeaux*, ont placé à l'Exposition divers portraits au pastel, qui sont bien étudiés, d'une couleur aussi vraie et aussi solide que ce genre le comporte, et d'un faire vigoureux. M. Battut y a ajouté des fleurs d'un effet ravissant. Le jury a décerné une médaille d'argent à chacun de ces deux artistes.

M. SALOMON, *de Bordeaux*, pour *une tête d'étude*, modelée d'une manière vaporeuse et d'un effet agréable;

M. FOZEMBAS, *de Bordeaux*, pour un portrait de Mlle F..., dont la position inclinée en arrière offrait d'assez grandes difcultés d'exécution;

Mlle Th. DUBOUCHÉ, pour un portrait de Mme D..., fort ressemblant et exécuté dans un style simple et de bon goût;

Ont obtenu: M. Salomon, une médaille de bronze; M. Fozembas et Mlle Dubouché, une mention honorable.

M. Fréd. DANDIRAN, *de Nantes*, a obtenu le rappel de la médaille de bronze qui lui a été donnée en 1847. Ses marines au pastel offrent de beaux effets de transparence dans les eaux, mais les navires sont dans une situation tellement désespérée et sur des vagues tellement gigantesques, qu'on est heureux de croire à beaucoup d'exagération.

M. Salesses, *de Bordeaux*, est toujours le même peintre de gouaches, à l'exécution brillante et féconde, mais un peu crue, qui reçut une médaille de bronze en 1847. Le rappel de cette distinction est justifié par les jolis paysages qu'il a exposés.

M. Thibaut, *de Bordeaux*, est un bon peintre en miniature, qui travaille avec conscience et talent; mais les études qu'il a exposées étaient depuis trop longtemps connues du public pour que le jury ait pu leur décerner autre chose qu'une mention honorable.

Les miniatures de M. Pollet, *de Niort*, sont loin d'être irréprochables.

Les aquarelles de MM. Gorin et Félon ont été récompensées et signalées avec leurs tableaux à l'huile; celles de M. Léo-Drouyn mériteraient une distinction spéciale, si cet artiste n'avait déjà un rang très-honorable pour son paysage à l'huile et ses dessins.

Les aquarelles de Mlle de Vassal présentent des qualités estimables qui ont été appréciées du jury et des connaisseurs.

Les gouaches au miel de M. Castet sont un tour de force qui ne produit pas un bon effet; cet artiste, qui paraît avoir du talent, fera mieux de suivre les sentiers battus; il risquera moins de s'égarer.

DESSIN.

M. E. Lambert, dont le tableau de *Joseph vendu par ses Frères* occupe un rang distingué parmi les compositions historiques à l'huile, a exposé un dessin au fusain représentant des Arabes en fuite, qui est d'une hardiesse d'exécution et d'un effet dramatique éminemment remarquables; le jury a cru devoir lui accorder une médaille d'argent.

M. Léo-Drouyn a reçu le rappel de la médaille d'argent qui lui a été décernée en 1847 pour ses paysages à la mine de plomb et au fusain, et surtout pour des lithographies, dont le succès est tel, qu'il rend superflu tout éloge. M. Drouyn est le premier artiste qui ait véritablement compris, et su reproduire avec une saisissante vérité, tout ce qu'il y a de poésie dans les sites monotones des Landes.

M. VALETTE, *de Castres*, a exposé deux mines de plomb, qui lui ont valu le rappel de la médaille d'argent qu'il obtint en 1847. Un peu plus de vigueur n'ôterait rien au fini et à la remarquable netteté de son dessin.

M. LALANNE, *de Bordeaux*, attaque vigoureusement de petits dessins à l'estompe et à la mine de plomb, qui produisent de l'effet et révèlent une grande facilité et un vif sentiment de la nature. Le jury lui a voté une médaille de bronze.

M. ALBOUQUERQUE, *de Bordeaux*, a déployé, dans sa vue de *L'Église Sainte-Eulalie* et dans son dessin de *La Chaire de l'Église Notre-Dame*, les qualités d'un dessinateur intelligent et correct, et a mérité une médaille de bronze.

M. MÈGE, *de Bordeaux*, a obtenu le rappel de celle qu'il reçut en 1847. Ses compositions et ses portraits à l'estompe sont faits avec conscience.

M. EUDEL, *de Bordeaux*, a le crayon le plus spirituel et le plus facile que l'on puisse imaginer. Ses *Souvenirs de Normandie* sont délicieux de finesse, de perspective, d'effet; et la mention honorable qu'il a reçue consacre une réputation artistique méritée.

Le jury s'est arrêté avec plaisir devant les gracieux et fantastiques dessins à la plume d'un de ses Membres les plus dévoués, M. SOURIAUX, qui, tout en jugeant à propos de se placer hors de concours, a cependant pensé avec raison qu'il devait, par son exemple, donner de la confiance aux timides. Il a remarqué une vue de *L'Église Sainte-Croix*, dessin à la plume, genre vieille gravure, par M. DE LAGRAVE, et des paysages à la mine de plomb, de M. DUBOUCHÉ. Il a regretté que les dessins de M. HALLIÉ fils fussent tous des copies; il aurait voulu rencontrer dans le nombre quelque composition qui lui permît de récompenser une sûreté de plume et une délicatesse de trait peu communes; ce sera pour la prochaine Exposition, et M. Hallié fils sera exact au rendez-vous que lui assigne le jury.

PEINTURE SUR PORCELAINE ET SUR VERRE.

Mme NIVET-FONTAUBERT, *de Limoges*, a envoyé à l'Exposition deux grandes peintures sur porcelaine, dont l'une, *La Esméralda*, est surtout de très-belle exécution. Le jury remercie cet artiste distingué de n'avoir pas reculé devant la difficulté de faire voyager des objets aussi fragiles et d'aussi grande valeur, et lui décerne une médaille de bronze.

M. LIEUZÈRE, *de Bordeaux*, *rue Saint-André*, *n° 1*, a composé un grand vitrail pour fenêtre d'église, dont la figure laisse à désirer, mais qui a des draperies bien faites et des couleurs bien venues. C'est un débutant plein d'avenir auquel le jury a décerné avec plaisir une mention honorable. Ses portraits peints sur verre produisent un effet assez agréable.

M. LAMY DE NOZAN, *de Toulouse*, a eu les honneurs de l'Exposition de 1847, pour ses magnifiques peintures sur verre. L'accueil qu'il y reçut aurait dû l'encourager à envoyer mieux qu'une simple tête d'étude ; il doit prendre sa revanche à la prochaine Exposition.

ARCHITECTURE ET DESSIN LINÉAIRE.

Parmi les travaux d'architecture et de dessin linéaire, le jury a distingué ceux :

De M. H. BACOUET, *géomètre*, *à Bordeaux*, *place Dauphine*, *n° 11*, dont le plan du domaine de Cos-d'Estournel est un modèle de netteté et d'exactitude ;

De M. LAFARGUE FILS, *architecte*, *rue Mably*, *n° 26*, *à Bordeaux*, dont le plan-projet d'École de Botanique aurait dû être accompagné d'un commentaire qui permit d'examiner les moyens d'exécution ;

De M. OUDINOT, *conducteur des ponts-et-chaussées*, *rue Judaïque*, *n° 82*, *à Bordeaux*, dont les dessins de machines et appareaux sont très-soignés et très-exacts.

M. Bagouet a obtenu une médaille de bronze, et MM. Lafargue fils et Oudinot, une mention honorable.

Le jury a examiné avec intérêt le plan de l'abbaye de Cadouan, par M. ALAUX fils, et celui de l'ancien Château-Trompette, par M. ORMIÈRES.

SCULPTURE.

SCULPTURE ET STATUAIRE.

M. LAGNIER, *sculpteur, rue Baubadat, n° 9, à Bordeaux*, a exposé un délicieux bouquet de fleurs, sculpté sur bois, qui a mérité tous les suffrages et auquel le jury a reconnu un mérite hors ligne. C'est charmant de composition, d'un goût parfait, d'une exécution irréprochable et digne, à tous égards, de la médaille d'argent votée par le jury.

M. JOUANDOT, *rue Saint-Martin, n° 11*;

M. RASTOUIL, *rue du Palais-Galien, n° 129*;

M. GABOURIN, *rue Carpenteyre, n° 38*;

Tous trois sculpteurs à Bordeaux, ont obtenu du jury: MM. Jouandot et Rastouil, une médaille de bronze; M. Gabourin, le rappel de celle qui lui a été décernée en 1847. Les bustes et les médaillons en plâtre de ces artistes sont bien conçus et bien exécutés; le jury a surtout remarqué un petit médaillon, d'une touche très-délicate, portrait très-ressemblant et qui fait honneur au talent déjà connu de M. Gabourin.

M. TATIN, *rue Notre-Dame, n° 26, à Bordeaux*, était sûr d'un bon accueil, en présentant le buste d'un des hommes qui ont le plus travaillé, et travaillent encore, à donner tout leur développement aux institutions de la Société Philomathique, M. le docteur B.... Ce buste, parfait de ressemblance, et qui révèle chez M. Tatin une grande facilité à saisir les traits saillants de la physionomie, lui a valu une mention honorable.

M. ADET, *élève de l'École de Sculpture, de Bordeaux, rue Montesquieu, n° 14*, est un artiste plein d'activité et de dispositions. Il a exposé trois bustes bien modelés et probablement ressemblants, car les physionomies paraissent très-naturelles ; deux médaillons d'une bonne exécution, et un buste en marbre d'après l'antique, qui indique un ciseau déjà sûr de lui-même ; il a obtenu une mention honorable.

M. LAMARQUE, *rue Saint-Martin*, *n° 17*, *à Bordeaux*, a sculpté un médaillon en marbre blanc, de très-grande dimension, qui représente une tête allégorique de la ville de Bordeaux. La composition est sage et bien rendue, et n'aurait pu que gagner à un peu plus de relief. Le marbre employé provient des Pyrénées et peut rivaliser avec le marbre d'Italie. Le jury a décerné à M. Lamarque une mention honorable.

M. VERDALLE est un jeune apprenti qui travaille dans le même atelier que M. Lamarque ; il a exposé une guirlande de fleurs sculptée sur marbre, qui est trop surchargée comme composition, mais qui est sculptée avec habileté. Le jury croit qu'il y a en lui l'étoffe d'un artiste distingué, et l'attend à la prochaine Exposition.

COMPOSITIONS MUSICALES.

La musique n'avait pas eu de place, jusqu'à ce jour, dans les Expositions de la Société Philomathique ; elle s'y est spontanément présentée ; elle y a été la bienvenue. Comment la Société Philomathique eût elle hésité à l'accueillir, elle qui fait appel à tous les beaux-arts ! Elle n'eût pu renvoyer l'appréciation et la récompense des compositions musicales à aucune autre institution, puisqu'à Bordeaux aucune fondation n'existe encore en faveur de ce genre de concours. Il y a, dans cette première tentative, un germe fécond pour l'avenir ; et l'on doit savoir gré aux artistes qui ont donné ce bon exemple.

Le Jury, pour cette appréciation toute spéciale, a voulu

s'éclairer, en s'adjoignant une *commission consultative* d'artistes et d'amateurs, composée de MM. BRIARD,— Calixte DUPONT,—CLOUZET,—CUVREAU,—DE TERRAS,— FUNCKE,—MÉZERAY,—SARREAU,—SCHAD,—SCHAFFNER.

Deux soirées ont été consacrées à l'audition des compositions exposées. Le jury a regretté de ne pouvoir entendre la symphonie de M. Rauda : la partition en a été soigneusement étudiée.

Les bulletins individuels de chacun des Membres de la commission consultative ayant été dépouillés, le Jury, sur la proposition de la section des beaux-arts, a arrêté les récompenses de la manière suivante :

Trois compositeurs ont été, d'un avis unanime, mis hors ligne ; le caractère élevé et sérieux de leurs compositions, les belles qualités qu'elles renferment, leur ont assuré le premier rang. Entre elles il n'y a aucune comparaison à faire, aucune différence à établir, aucun rang à donner ; elles ont mérité, chacune dans son genre, et à des titres divers, la haute récompense d'une médaille d'argent.

M. Émile FORGUES, *de Bordeaux*, a fait entendre un grand *allegro maestoso* pour piano et orchestre, œuvre remarquable de verve, d'entrain et d'éclat. Le jury a dû se mettre en garde contre le prestige d'une incomparable exécution. La composition seule était soumise à son jugement ; elle est digne, à tous égards, de l'éminent artiste qui l'a produite. On y trouve, comme dans ses autres compositions, la fougue la plus entraînante, conduite par un goût sûr, et l'inspiration unie au savoir.

M. Alfred LECLÈRE, *de Bordeaux*, a exposé un livre d'études pour le violon. Ici encore le jury a dû résister à l'entraînement et au charme de l'exécution de l'auteur, pour s'en tenir à l'appréciation de son œuvre ; elle se distingue par les plus hautes qualités. C'est la grâce jointe à la force. La pensée mélodique, originale et distinguée, suit la trame des plus heureuses modulations qui la varient sans cesser d'y rester fidèles. Les plus grandes difficultés du violon sont résumées sous une forme charmante : la première et la cinquième études sont de délicieuses études de salon. Cette œuvre sera, pour le violoniste que l'extrême difficulté n'effraie pas, un exercice excellent de mécanisme et de goût.

M. RAUDA, *de Langon*, a composé une symphonie intitulée *Une Idée de la Musique moderne;* c'est une composition savante, sérieuse, fortement et consciencieusement étudiée. Elle atteste chez son auteur une éducation musicale complète, un style exercé; d'heureuses mélodies s'y trouvent soutenues par une orchestration habile et bien écrite. La partie fuguée a eu l'approbation des connaisseurs. Cette composition remarquable est dédiée au Cercle Philharmonique, qui dispose d'un excellent orchestre et de tous les moyens d'exécution. Il est à désirer que le Cercle Philharmonique fasse entendre la symphonie de Monsieur Rauda, et mette ainsi le vulgaire à même d'adopter le jugement des hommes spéciaux.

M. SAVERIO, compositeur honorablement connu à Bordeaux, a fait entendre deux valses, l'une orchestrée, l'autre pour piano seul, auxquelles le jury a décerné une médaille de bronze. La valse intitulée *Les Souvenirs d'Allemagne,* se fait remarquer par son entrain; elle atteste un faire exercé dans ce genre de composition. La mélodie y est vive et l'orchestration brillante; c'est un genre léger, mais l'œuvre a conquis tous les suffrages.

Mme DELORME-RIEUTORD a composé un morceau de musique sacrée: *Panis Angelicus*, dont la mélodie est douce et pure. Le jury lui accorde avec plaisir une mention honorable.

Mme GAY-DE-WIMPFEN a exposé plusieurs albums qui prouvent la fécondité de ses productions; des chœurs bien agencés ont été entendus avec plaisir par le jury ; il a remarqué *La Prière aux Champs, La Première Feuille* et *La Cascade.*

Mlle GAY-DE-WIMPFEN a fait entendre une ouverture de salon, dans l'exécution de laquelle elle a tenu avec talent la partie principale de piano. Cette œuvre est agréable et révèle des études sérieuses de la part de l'auteur.

Mlle Louise DUBOURDIEU a gracieusement joué une gracieuse polka : *Le Papillon.* C'est joli, mais ce n'est qu'une polka.

Mme Anaïs BAY a fait entendre diverses compositions vocales, sagement écrites. Elle fera bien à l'avenir de prendre un essor plus hardi, d'avoir confiance en elle et de se livrer à son inspiration.

Tels sont les résultats de ce premier concours ; sans doute l'avenir réserve à l'examen du Jury un ensemble plus nombreux de compositions sérieuses. Dès à présent, c'est beaucoup d'avoir eu à mettre hors ligne et à récompenser trois compositions aussi distinguées que celles de MM. Forgues, Leclère et Rauda.

SOCIÉTÉ PHILOMATHIQUE DE BORDEAUX.

RÉCOMPENSES

DÉCERNÉES EN CONFORMITÉ DES DÉCISIONS DU JURY D'EXAMEN,

Le 29 Août 1850.

INDUSTRIE.

—

223 Exposants.

—

Le titre de Membre honoraire de la Société Philomathique est décerné, sur la demande du Jury, et par décision de l'Assemblée générale de la Société, du 27 août 1850, à M. LAROQUE FILS, de la Maison LAROQUE FRÈRES FILS et JAQUEMET, qui a déjà obtenu en 1847, pour sa fabrique de tapis, couvertures, etc., le rappel de la médaille d'or.

MÉDAILLES D'OR.

A M. DEBEAUVOYS, *à Suette, près d'Angers (Maine-et-Loire)*, pour les ruches de son invention et ses ouvrages d'apiculture.

A MM. COUSIN et FILS FRÈRES, *à Bordeaux* (RAPPEL), pour une machine à vapeur.

A M. BEAUFILS, *à Bordeaux* (RAPPEL), pour ses produits en ébénisterie.

A MM. VIEILLARD et Cⁱᵉ, *à Bordeaux* (RAPPEL), pour les produits de la fabrique Johnston, à Bacalan.

A MM. COUDERC et SOUCARET FILS, *à Montauban*, pour leurs soies grèges et leurs tissus à bluter.

A M. P.-F. BÉGUÉ, *à Pau* (RAPPEL), pour la fabrication du linge de table.

A M. HEERING, *à Bordeaux* (RAPPEL), pour ses pianos.

MÉDAILLES D'ARGENT GRAND MODULE.

A M. HOUYEAU, *à Angers (Maine-et-Loire)*, pour sa machine à battre les grains et son rouleau pour le cylindrage des routes.

A MM. DANEY FRÈRES, *à Bordeaux*, pour leur appareil à vapeur à cuire dans le vide et leur chaudière à vapeur.

A MM. A. MOTTEAU et Cⁱᵉ, *à Angoulême*, pour une machine à couper le papier, de leur invention.

A MM. CABANNES et RAMBIÉ, pour la bonne installation de leur moulin à vapeur, la bonne fabrication de leurs farines et gruaux, et l'accélérateur de l'invention de M. Cabannes.

A MM. BESSON frères, à *Bordeaux*, pour leurs produits de chapellerie.

A M. HERDING, à *Angers*, pour ses pianos en fer.

MÉDAILLES D'ARGENT.

A M. DUFFOUR-BAZIN, à *Lectoure (Gers)*, pour les laines provenant de la Ferme-École du *Gers*.

A M. FERRY, à *Villemarie, près La Teste (Gironde)*, pour ses échantillons de riz, provenant de la récolte faite en 1849 dans les rizières d'*Arcachon*.

A M. J. HALLIÉ, à *Bordeaux* (RAPPEL), pour ses instruments d'agriculture et d'horticulture.

A. M. BRESSON, à *Bruges (Gironde)* (RAPPEL), pour ses cocons, ses soies et la bonne installation de sa magnanerie et de sa filature.

A MM. BOUILLON jeune et fils, à *Limoges*, pour leurs produits de sidérurgie.

A M. SAINTE-MARIE, à *Bordeaux*, pour la fabrication des limes.

A M. LAURENDEAU, à *Bordeaux* (RAPPEL), pour son appareil de cosmographie.

A M. BELLIÉ, à *Bordeaux* (RAPPEL), pour arquebuserie.

A M. CHABRY, à *Bordeaux* (RAPPEL), pour arquebuserie.

A MM LAPLACE et Cᵉ, à *Bordeaux* (RAPPEL), pour leur fonderie en caractères.

A M. MARÈS-VAISSIER, à *Bordeaux*, pour leurs coffres-forts et leurs instruments de pesage.

A M. CÉRONI, à *Bordeaux* (RAPPEL), pour ses cheminées et ses calorifères.

A M. JABOUIN aîné, à *Bordeaux* (RAPPEL), pour ses ouvrages de marbrerie.

A M. RÉMON, à *Bordeaux*, pour la préparation et l'application du stuc.

A MM. SEUTIN et Cᵉ, à *Bordeaux*, pour leur fabrique de cuirs vernis et de tapis cirés.

A MM. FOUQUE, ARNOUX et Cᵉ, à *Toulouse*, pour leurs porcelaines décorées.

A MM. VIREBENT frères, à *Toulouse* (RAPPEL), pour leurs ornements en terre cuite

A M. RENAUD jeune, à *Bordeaux*, pour la préparation des vernis.

A MM. VÉRON frères, à *Poitiers*, pour leurs amidons et leur gluten.

A MM. LOUIT frères, à *Bordeaux*, pour leur chocolat et leur moutarde.

A MM. RODEL et fils frères. à *Bordeaux* (RAPPEL), pour leurs conserves alimentaires.

A M. TEYSSONNEAU, *à Bordeaux* (RAPPEL), pour ses conserves alimentaires et ses fruits conservés.

A Mme LAUDET, *à Pau* (RAPPEL), pour la fabrication du linge de table.

A M. DELPECH, *à Bordeaux* (RAPPEL), pour la fabrication des couvertures de coton.

A MM. CERF et NAXARA, *à Bordeaux*, pour leurs ouvrages en carton, l'importance et la bonne installation de leurs ateliers.

A M. SANDAUX, *à Bordeaux* (RAPPEL), pour la bijouterie et la ciselure.

A M. THIBOUT, *à Bordeaux*, pour ses pianos.

A M. Louis POL, *à Toulouse*, pour ses pianos.

MÉDAILLES DE BRONZE.

A M. PAUL, *à Bordeaux* (RAPPEL), pour ses produits en fonte.

A MM LEGENDRE, *à Saint-Jean-d'Angély* (*Charente-Inférieure*), pour leurs fontes moulées.

A M. FAGET, *à Bordeaux*, pour une colonne de machine à forer.

A MM. LOBIS et BERNARD, *à Bordeaux*, pour leur appareil à fabriquer les boissons gazeuses.

A M. J. BONNIOT, *à La Rochelle* (RAPPEL), pour son modèle de bateau roulant.

A M. DELAFEUILLE, *à Bordeaux*, pour ses ouvrages d'horlogerie.

A M. RECLUS AÎNÉ, *à Bergerac* (*Dordogne*), pour ses bondonnières ou mèches anglaises perfectionnées.

A M. FAUCHÉ, *à Bordeaux*, pour ses outils d'ébénisterie.

A M. VIVEZ, *à Bordeaux*, pour ses soufflets de forge et autres.

A M. JOUET, *à Bordeaux*, pour ses instruments de chirurgie perfectionnés.

A M. SERMENSAN, *à Bordeaux*, pour arquebuserie.

A M. Henry FAYE, *à Bordeaux*, pour son nouveau procédé de relief donné par une pierre lithographique.

A M. Romain FABIEN, *à Bordeaux*, pour ses produits en ébénisterie.

A MM. JOUFFRE et Ce, Maison des Ébénistes-associés, *à Bordeaux*, pour leurs produits en ébénisterie.

A M. Barthélemy GAUBERT, *à La Réole* (*Gironde*), pour sa fabrication de billards.

A M. CLAUZEL, *à Bordeaux*, pour sa fabrication de billards.

A M. HUGLA, *à Bordeaux*, pour un escalier circulaire, en bois.

A M. ANDREUCETTI, *à Bordeaux*, pour ses peintures sur bois, imitant le marbre.

A M. CASTELBOU, *à Toulouse*, pour un coffre-fort.

A MM. HOEFFINGER FRÈRES, *à Bordeaux*, pour leurs cheminées et leurs appareils calorifères.

A M. CHAVENTON fils, *à Bordeaux*, pour sa collection de pièces de serrurerie ancienne, réparées par lui.

A M. LAMBERT, *à Bordeaux*, pour ses ouvrages de natterie.

A M. DUCLOT, *à Bordeaux*, pour ses ouvrages de natterie.

A MM. LESPINASSE jeune, *à Gradignan (Gironde)* (rappel), pour ses produits en verreries.

A M. BRIOL ANGELY de FONCLARE, *à Lalinde (Dordogne)*, pour ses briques réfractaires.

A M. ISSARTIER, *à Bordeaux*, pour ses produits en verrerie.

A MM. DUBOURDIEU frères, *à Thiviers (Dordogne)*, pour leurs faïences.

A MM. SCHAEFFER et BOISSET, *à Canéjean (Gironde)*, pour leurs poteries de grès.

A M. BÉGUÉ, directeur de la verrerie *du Lardin (Dordogne)*, pour ses produits en verrerie.

A M. MALRIEU, *à Bordeaux*, pour ses chandelles de suif épuré.

A M. OLLIVIER, *à Bordeaux*, pour sa fabrication de noir de fumée.

A M. CARRÉ, *à Bergerac (rappel)*, pour ses filtres en papier.

A M. MAYER-CERF, *à Bordeaux*, pour son cirage perfectionné.

A M. LEBÉFAUDE, *à Bordeaux*, pour ses sucres raffinés.

A M. FAU, *à Bordeaux (rappel)*, pour ses fruits conservés.

A MM. BÉGOU, *à Bordeaux*, pour leur amidon, leurs fécules et leurs pâtes féculantes.

A M. VIDAL, *à Toulouse*, pour ses pâtes féculantes.

A MM. GUIBERT frères, *à Bordeaux*, pour leur fabrique à teindre et à tordre les fils de coton.

A MM. BONNAL et Cᵉ, *à Montauban* (rappel), pour leurs tissus à bluter.

A MM. JOSSERAND et Cᵉ, *à Toulouse*, pour leurs toiles peintes.

A M. FUMEAU, *à Bordeaux*, pour ses peaux préparées.

A MM. BLANDINIÈRES frères, *à Bordeaux*, pour leurs cuirs et leurs peaux préparées.

A M. RIBY, *à Angers*, pour ses meules à moudre le grain.

A M. BARDON, *à Bordeaux*, pour son bandage herniaire perfectionné.

A M. FONTAINE, successeur de **M. MERLE**, *à Bordeaux* (rappel), pour ses lanternes de voiture.

A Mˡˡᵉ MORENO-ALAMAN, *à Bordeaux*, pour ses ouvrages en tapisserie.

A Mˡˡᵉ ALLENET, *à Bordeaux*, pour ses imitations d'insectes.

MENTIONS HONORABLES.

A M. BATAILLÉ, *agriculteur dans le Lot*, pour sa machine agricole.

A M. DOLLEY, *à Bordeaux*, pour sa machine à égréner le maïs.

A. M. SÉNAT, *à Bordeaux*, pour ses engrais à base de sang.

A M. SAINT-AMANS, *à Villeneuve-sur-Lot (Lot-et-Garonne)*, pour un sécateur pour la vigne, de son invention.

A M. NIAUD, *à Sainte-Foy (Gironde)*, pour sa raquette à couper le blé.

A M. GUENARD, *à Saint-Irieux (Charente)*, pour ses cocons de soie.

A. M. Hilaire PARIS, *à Agen (Lot-et-Garonne*), pour l'hippodomètre, de son invention.

A M. Émile LÉON, *à Bayonne (Basses-Pyrénées*), pour ses citrons provenant d'arbres plantés en espalier et en pleine terre.

A M. GODART, *à Bordeaux* (**rappel**), pour ses nouveaux cribles.

A M. BARTHÉLEMY, *à Lormont (Gironde*), pour des machines à gouvernail et à guindeau, de son invention.

A M. CHEVRIER, *à Bordeaux*, pour son modèle de dragues à vapeur.

A M. FAYANT, *à Bordeaux*, pour ses travaux de forge.

A M. VÉRON, *à Angers*, pour ses ouvrages d'horlogerie.

A M. MEYNOT, *à Bordeaux*, pour ses outils en miniature.

A M. GRENIER, *à Bordeaux*, pour arquebuserie.

A M. G. CHARRIOL, *à Bordeaux*, pour ses travaux en lithographie.

A M. PATROUILLEAU, *à Bordeaux*, pour ses plaques gravées pour gaufrage.

A M. ALBIN, *à Bordeaux*, pour ses procédés de lithographie et de coloriage.

A M TARNAUD, *à Limoges*, pour ses tampons à timbre humide.

A MM. FORESTIÉ **père** et **fils**, *à Montauban* (**rappel**), pour leurs travaux en typographie.

A M. PONSIAN-ORMIÈRES, *à Bordeaux*, pour ses châssis de portes et fenêtres, dits *siccités*.

A M. COGUEN, *à Bordeaux*, pour ses modèles d'escaliers et un cadre guilloché.

A M. SAINT-UBERY, *à Tarbes*, pour ses bois des Pyrénées, préparés pour l'ébénisterie.

A M. PIFFRE, *à Bordeaux*, pour ses sommiers élastiques.

A M. LABATUT, *à Bordeaux* (**rappel**), pour ses ouvrages de marqueterie.

A M. CHAIGNEAU, *à Bordeaux*, pour sa fabrique de tapis vernis.

A M. RAYMOND, *à Bordeaux*, pour ses poteries

A M. FOURCADE, *à Bordeaux*, pour ses procédés de nettoyage des étoffes de soie.

A M. ROUX, *à Bordeaux*, pour ses procédés de dégraissage des vêtements.

A MM. LONGEAU **frères**, *à Angoulême*, pour leurs amidons.

A M. LESOURD-DELISLE, *à Angers*, pour ses vins d'Anjou, préparés à la manière des vins de Champagne.

A MM. SOLLES et TAURIGNAN, *à Bordeaux*, pour la fabrication des couvertures de coton.

A M. DUBAN **fils**, *à Bordeaux*, pour ses laines lavées.

A M. LANGLADE, *à Bordeaux*, pour une étoffe imitant le cuir vernis.

A M. VERGNIAUD, *à Bordeaux*, pour ses procédés économiques de confection de chaussures.

A M. LASGUIGNES, à *Libourne* (*Gironde*), pour son appareil de pont oblique et son traité de la coupe des pierres.

A Mme VILLENEUVE , à *Bagnères-de-Bigorre*, pour ses tricots en laine.

A M. TRESTLER, à *Bordeaux*, pour son modèle de la Tour de Cordouan.

A M. BÈS, à *Figeac* (Lot), pour son rabot à tourner.

A M. BOURREAU, à *Bordeaux*, pour ses reliures.

A M. DARRÉ, à *Bordeaux* , pour ses peintures héraldiques.

OUVRIERS RÉCOMPENSÉS

En conformité de l'art. 5 du Règlement des Expositions.

mentions honorables.

A M. Isidore CAMBAUX , contre-maître de filature, chez MM. LAROQUE FRÈRES FILS et JAQUEMET, depuis 1827.

A M. Adrien ANJARD , chef de magasin, chez MM. LAROQUE FRÈRES FILS et JAQUEMET, vingt-un ans de service.

A M. Louis MAUGAS , conducteur de moulin, chez MM. CABANNES et RAMBIÉ.

A M. François CHAUVIN , ouvrier mécanicien et conducteur de machines à vapeur, chez MM. CABANNES et RAMBIÉ.

A Mme Camille PIERRE, maîtresse fileuse de la filature de M. BRESSON.

A M. PIERRE, contre-maître de la filature de M. BRESSON.

BEAUX-ARTS.

—

111 Exposants.

—

MENTION SPÉCIALE.

A M. BIARD, à *Paris*, composition.

MÉDAILLES D'OR.

A M. GORIN, à *Bordeaux*, composition et aquarelles.

A M. PLASSAN, à *Paris*, composition.

A M. RICHARD, à *Toulouse* (RAPPEL), paysages.

MÉDAILLES D'ARGENT GRAND MODULE.

A M. J. FÉLON, à *Paris*, composition.

A M. HAUTE, à *Bordeaux*, nature morte.

MÉDAILLES D'ARGENT.

A M. D. GUILLAUME, *à Bordeaux* (RAPPEL), composition.

A M. Ed. LAMBERT, *à Bordeaux* (RAPPEL), composition.

A M. MONFALLET, *à Paris*, composition.

A M. BELLIVEAU, *à Paris*, portraits.

A M. PAPIN, *à Bordeaux*, portraits.

A M. DUPONT, *à Bordeaux*, portraits.

A M. Ed. LAMBERT, *à Bordeaux* (RAPPEL), portraits.

A M. MONFALLET, *à Paris* (RAPPEL), portraits.

A Mlle LABRONDE, *à Bordeaux* (RAPPEL), portraits.

A M. MONSAU, *à Bordeaux* (RAPPEL), paysages.

A M. LÉO-DROUYN, *à Bordeaux*, paysages.

A M. R. FAXON, *à Bordeaux* (RAPPEL), marines.

A M. P. CLAVEAU, *à Bordeaux* (RAPPEL), nature morte.

A Mme WETTERWALD, née GAULON, *à Bordeaux*, portraits au pastel.

A M. BATTUT, *à Bordeaux*, portraits et fleurs au pastel.

A M. Ed. LAMBERT, *à Bordeaux*, dessin au fusain.

A M. LÉO-DROUYN, *à Bordeaux* (RAPPEL), mines de plomb, fusains et lithographies.

A M. VALETTE, *à Castres* (RAPPEL), mines de plomb.

A M. LAGNIER, *à Bordeaux*, sculpture sur bois.

A M. E. FORGUES, *à Bordeaux*, composition pour piano et orchestre.

A M. Alfred LECLERE, *à Bordeaux*, études pour violon.

A M. RAUDA, *à Langon (Gironde)*, symphonie.

MÉDAILLES DE BRONZE.

A M. PAUTHE, *à Castres*, composition.

A M. BERNÈDE, *à Paris* (RAPPEL), composition.

A M. RAMADE, *à Bordeaux* (RAPPEL), intérieur.

A M. JABIOT, *à Bordeaux*, portraits.

A M. DAZET, *à Bordeaux*, portraits.

A M. QUINSAC, *à Toulouse* (RAPPEL), paysage historique.

A M. MARIONNEAU, *à Paris*, paysage historique.

A M. PELEGRY, *à Toulouse*, animaux.

A Mme RIVIÈRE, *à Bordeaux*, fleurs et coquilles.

A M. DANDIRAN, *à Nantes* (RAPPEL), marine au pastel.

A M. SALESSES, *à Bordeaux* (RAPPEL), gouaches.

A M. SALOMON, *à Bordeaux*, tête d'étude au pastel.

A M. LALANNE, *à Bordeaux*, mines de plomb.

A M. MÈGE, *à Bordeaux* (RAPPEL), dessins à l'estompe.

A M. ALBOUQUERQUE, *à Bordeaux*, mines de plomb.

A Mme NIVET FONTAUBERT, *à Limoges*, peinture sur porcelaine.

A M. JOUANDOT, *à Bordeaux*, modelage.

A M. RASTOUIL, à *Bordeaux*, modelage.

A M. GABOURIN, à *Bordeaux* (RAPPEL), modelage.

A M. BAGOUET, à *Bordeaux*, dessin topographique.

A M. SAVERIO, à *Bordeaux*, valses orchestrées.

MENTIONS HONORABLES.

A M. le chevalier PALLIÈRE, à *Bordeaux*, composition.

A M. PAPIN, à *Bordeaux*, composition.

A M. EDWARMAY, à *Angoulême*, intérieur.

A M. R. de LAGRAVE, à *Bordeaux*, intérieur.

A M. FONTAINIEU, à *Marseille*, intérieur.

A M. SERRES, à *Bordeaux*, composition.

A M. MARQUERIE, à *Paris*, tête d'étude.

A M. SERRES, à *Bordeaux* (RAPPEL), tête d'étude.

A M. DONZEL, à *Bordeaux*, paysage.

A M. LUCAS, à *Versailles*, marine.

A M. RAVER, à *Bordeaux*, copie.

A M. ALBERTI de BENEDETTI, à *Bordeaux*, compositions.

A M. FOZEMBAS, à *Bordeaux*, portrait au pastel.

A Mlle T. DUBOUCHÉ, à *Bordeaux*, portrait au pastel.

A M. EUDEL, à *Bordeaux*, mines de plomb.

A M. THIBAUT, à *Bordeaux*, miniatures-portraits.

A M. LIEUZÈRE, à *Bordeaux*, peinture sur verre.

A M. TATIN, à *Bordeaux*, modelage.

A M. ADET, à *Bordeaux* (RAPPEL), modelage.

A M. LAMARQUE, à *Bordeaux*, sculpture.

A M. LAFARGUE FILS, à *Bordeaux*, architecture.

A M. OUDINOT, à *Bordeaux*, dessin de machines.

A Mme DELORME, née RIEUTORD, à *Bordeaux*, musique sacrée.

A Mme V^e GAY, née de WIMPFFEN, à *Bordeaux*, chœurs et romances.

Arrêté en Séance générale du Jury, le 22 août 1850.

Le Président du Jury, Président de la Société Philomathique,

G.-Henry BROCHON.

Le Secrétaire-général, Rapporteur du Jury,

Alexandre LÉON.

TABLE DES MATIÈRES.

Bordeaux. — Imp. de J. DELMAS, fossés de l'Intendance, 15.

www.ingramcontent.com/pod-product-compliance
Lightning Source LLC
LaVergne TN
LVHW012330170726
843503LV00002B/804